遺伝子からわかる猫の秘密

猫は毛色と模様で性格がわかる？

監修

京都大学CAMP-NYAN、
京都大学野生動物研究センター 特任研究員
荒堀みのり

京都大学野生動物研究センター 教授
村山美穂

X-Knowledge

はじめに

あなたはどんな猫が好きですか？

多くの猫飼いさんにとっては「やっぱりうちの子が一番！」でしょうし、「猫ならみんな大好き！」という人も実のところ多いかもしれません。

なにしろ、猫は魅力的な生き物です。

顔つき、体格、毛足の長さや色合い、柄の出かたなどビジュアルは千差万別。

同様に、性格も実に個性豊かです。甘えん坊、ツンデレ、やんちゃだったりおとなしかったりと、それぞれに愛らしく私たちを引きつけてやみません。

猫好きさんなら、猫を見て「なんて素敵な毛皮を着ているんだろう！」「なんてかわいらしい性格なんだろう！」と思ったことも、きっと一度や二度じゃないはずです。

では、その秘密を探ってみませんか？

本書は、猫について多岐にわたる研究をされている京都大学CAMP-NYAN（コンパニオンアニマルマインドプロジェクト）の荒堀みのり研究員と、京都大学野生動物研究センターの村山美穂教授にご協力いただき、〈遺伝子〉を足掛かりに猫たちの毛色や性格とその魅力についてひもといていきます。

猫の遺伝子について解明が進んでいるのが毛色と模様に関するものです。身の回りで見かける日本の雑種猫から血統書がついている純血種の猫まで、その猫がなぜその毛色や模様なのかは、遺伝子で説明することができます。

遺伝子に左右されるのは毛色だけではありません。性格に影響を及ぼす遺伝子の存在もささやかれています。毛色を決める遺伝子の中にも性格形成に働きかけるものがあるかもしれません［※］。実際に猫の性格と毛色の関係についての研究は世界で行われており、CAMP-NYANでも、飼い主や獣医からのアンケートを統計して、毛色による性格の傾向を分析しています。

また、遺伝子と同じくらい猫の性格に大きく作用するのが「環境」です。一口に「環境」といっても、飼育環境を事細かに精査すれば無数のバリエーションが存在するため、すべての環境要因を加味して猫の性格を言い当てるのは至難の業。それでも、今現在すでに解明されていることを丁寧に検証していくと、見えてくる事実も少なからずあります。

1章では毛色が変わる仕組みやそれに影響を与える遺伝子を解

※性格に関する遺伝子は猫では今のところ見つかっておらず、猫の性格と毛色が関連するという知見はあまり得られていない。ほかの動物では毛色との関連がある遺伝子も発見されているが、必ずしも毛色と性格が合致するものではない。

説。2章では屋外で見られる雑種猫（ミックス）を色別に紹介します。3章では、よく知られる純血種の猫を取り上げています。猫のことを遺伝子レベルで知れば、私たちと猫との暮らしをよりよいものにするヒントになるはず。

さあ、ページをめくって、知っているようで知らない、猫たちの本質に近づいていきましょう。

飼い主の性格や性別、部屋の構造や広さ、家族構成、先住ペットの有無、食事の内容に至るまで、「環境」には無数のバリエーションがある。

Part3

純血種……73

企画・編集協力　micro fish ／酒井ゆう＋北村佳菜
イ ラ ス ト　ホリナルミ
文　斉藤ユカ
監 修 協 力　都築茉奈
組　版　micro fish ／平林亜紀＋大曽根晶子
印刷・製本　シナノ書籍印刷

本書で参考にしている CAMP-NYAN の性格調査の結果は予備調査であり、
科学的な検査等を実施したものでありません。

Part1

猫の毛色
遺伝子の基本

さまざまな色柄のバリエーションを持つ猫たち。
なぜその姿になるのか、
毛色遺伝子の基本を知れば、ひもとけます。

どんな毛色になるのかは、遺伝子のみぞ知る！

私たちの身近にいる猫（イエネコ）の祖先は、アフリカや中東の砂漠地帯に生息するリビアヤマネコといわれます。その毛色や柄を忠実に受け継ぐのがいわゆるキジトラ（P22）。縞模様のある褐色の被毛からそう呼ばれる猫です。ご存知の通り、現在ではほかにも個性的な毛柄を持つ猫たちがたくさんいます。同じ配色・柄の猫は1匹もいません。一方、純血種の猫には特徴的な被毛を持つものも。すべては遺伝子の仕業なのです。

遺伝子とは、生物がどんな姿形になるのかを決める設計図のこと。親から子に伝えられます。父親と母親の組み合わせで無数のパターンがあり、生まれる途中や生まれた後に変化することもあります。この遺伝子が色とりどりの猫の毛色を生み出すのです。

遺伝子の本体はDNA

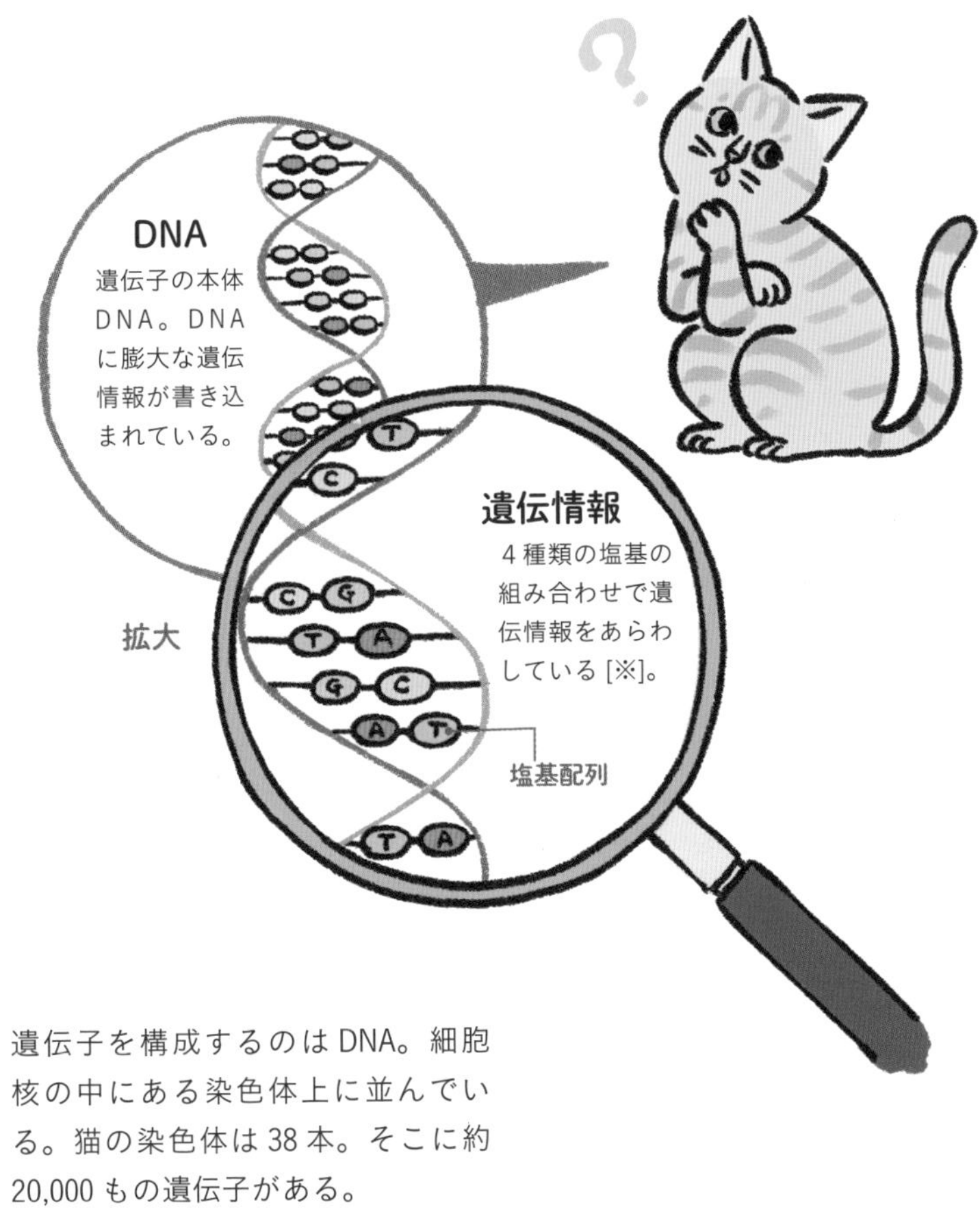

遺伝子を構成するのはDNA。細胞核の中にある染色体上に並んでいる。猫の染色体は38本。そこに約20,000もの遺伝子がある。

※動物も植物も、DNAを持っているのは同じだが、遺伝情報である塩基配列の並び方の違いが種差や個体差を生む。

遺伝子の組み合わせで毛色は変幻自在

動物はたくさんの遺伝子を持ちます。両親から1つずつ遺伝子を受け継ぐので、それぞれの遺伝子を2つペアで持っています。ある毛色の遺伝子を受け継いでも表にあらわれないことがありますが、これは同じ遺伝子がペアにならないとあらわれない潜性遺伝子と、1つだけでも持っていればあらわれる顕性遺伝子の2種があるからです。これらはかつて劣性遺伝子と優性遺伝子と呼ばれていたものです。

さらに、被毛に関連した遺伝子は、毛の色を決める遺伝子のほか、毛の長さを決める遺伝子、直毛か巻毛かを決める遺伝子などがあり、組み合わせは無数。そのため母猫、父猫とまったく違う毛色や柄の子猫が生まれるのです。

短毛の両親から長毛の子は生まれるの？

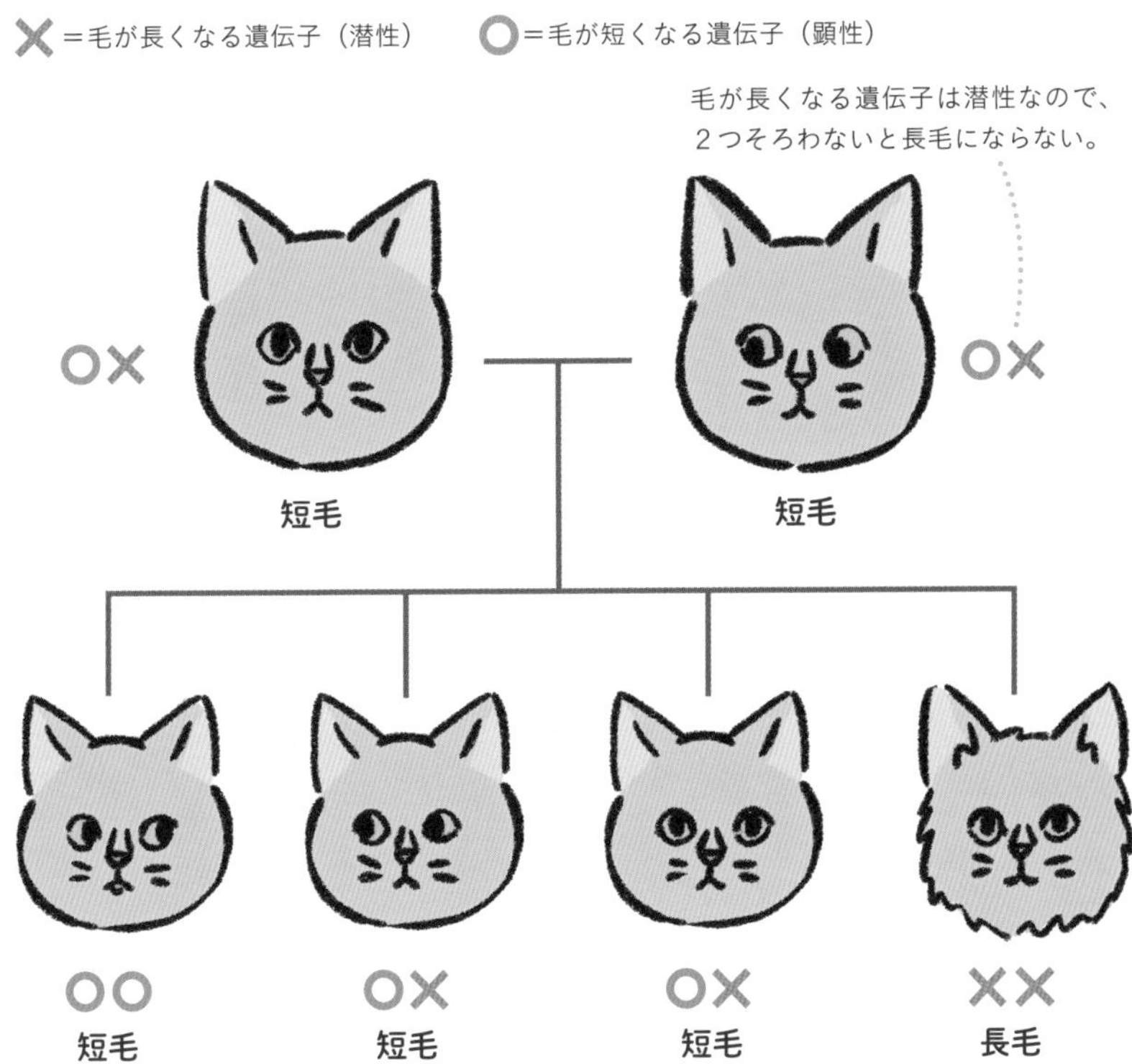

両親が短毛であっても、毛が長くなる遺伝子をそれぞれが持っていれば、長毛の子が生まれる可能性がある[※]。親が隠し持っていた毛色の遺伝子が上の図のように子供の代になってあらわれることがある。

※厳密にいうと長毛・短毛の遺伝子はもっと複雑で、遺伝子の４つの箇所が総合的に作用して決定することがわかってきた。同じ短毛でも遺伝子の中身が違っていて、上のような遺伝の形式にならないことがある。

毛色を決める2つのメラニン

猫の毛色はさまざまですが、その毛色がメラニンの配合に左右されるという点は、すべての猫に共通しています。

メラニンというのは、毛や肌の色を決める色素のこと。私たち人間にもあり、生成の仕組みは猫とほぼ同じです。黒系と茶系、2種類のメラニン色素があり、専用の細胞(色素細胞。メラノサイトとも)の中でつくられます。黒系のメラニンはユーメラニン、茶系のメラニンはフェオメラニンといいますが、本書では黒メラニン、茶メラニンと表記しています。メラニンは色素細胞でつくられた後、皮膚や毛をつくる細胞に運ばれ定着します。

猫の毛色は、メラニンが生成される環境と、それが配分される過程によって、多種多様に変化します［※1］。

※1 メラニンの総量が多く、黒メラニンの比率が高いと毛色は黒っぽく、茶メラニン比が高いと茶色っぽくなる。メラニン総量が少ないと、毛色は明るくなる。

メラニン色素は２種類ある

黒メラニンと茶メラニン、どちらがつくられるかは、複数のたんぱく質が体内でどう働くかによって変わる。

なぜ、２つの色素から さまざまな毛色が生まれるの？

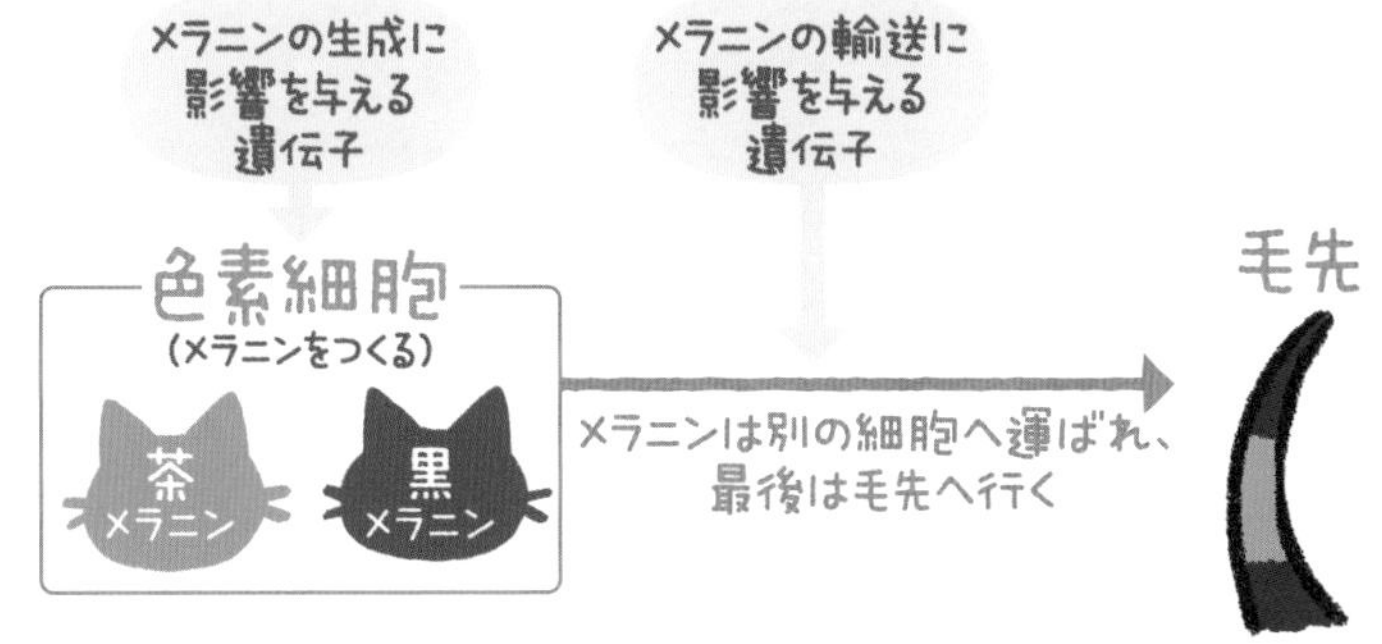

メラニンは生成・輸送の各過程でさまざまな遺伝子の影響を受ける［※２］。

※２遺伝子の働きによって、黒か茶、片方のメラニンしかつくられなかったり、毛先まで正常に運ばれなかったりする。

毛色の基本は茶毛・黒毛・白毛

猫の毛は、メラニンの配合や量によって濃淡が変わりますが、基本的には「白毛」「黒毛」「茶毛」で構成されています。3色が複雑に混じり合うことで、多彩な色柄があらわれます。

「白毛」と「黒毛」は単色、「茶毛」は1本1本に濃淡があるため、いわゆる茶トラ模様に。さらに1本の毛に茶と黒が交互に入る「アグチ毛」はキジトラ模様（P22）をつくりだします。

ブチやバイカラーなど、猫それぞれが個性的な柄になるのは、持って生まれた毛色とその配置が異なるから。

また、ブルー（グレー）やシルバーの毛色も例外ではなく、色を薄める遺伝子（P18）などによって、黒猫に変異がもたらされた結果です。

基本は３色

	単色			混色
1本の毛	黒毛（黒色）	茶毛（茶色）	白毛（白色）	アグチ毛（キジ色）
全身				

全身が黒毛なら黒猫、同様に茶毛なら茶猫（茶トラ）、白毛なら白猫、アグチ毛ならキジトラになる。1本の毛に濃淡がある茶毛や1本の毛が２色に染まっているアグチ毛に縞模様をつくるT（タビー）遺伝子（P26）が加わると、全身に縞模様が出る。

毛色の配置が模様をつくる

縞模様の柄のパターンは遺伝子で決まる(P26)。キジトラは黒が多いアグチ毛が固まっている部分と茶が多いアグチ毛が固まっている部分が縞をつくっている。

柄は1本1本の毛の配置で決まる。一部に白毛が、一部に黒毛が生えていれば、白と黒のブチ模様になる。

毛色に影響を与える遺伝子

W（ホワイト）遺伝子
白色をつくる

W（顕性）はメラニンが生成されず、ほかの遺伝子を持っていても白猫になる。潜性には w^s と w^+ があり、w^sw^s または w^sw^+ では体の一部が白くなり、w^+w^+ は白毛があらわれない。

O（オレンジ）遺伝子
茶色をつくる

O（顕性）を持つと黒メラニンがつくられなくなり、茶毛になる。

A（アグチ）遺伝子
毛に縞をつくる

A（顕性）が働くと、1本の毛の中に黒と茶の交互の縞ができるアグチ毛に。a（潜性）をペアで持つと茶メラニンがつくられず、黒毛になる。

メラニンの生成・配分と、その輸送に影響を及ぼす遺伝子（毛色関連遺伝子）は複数種類確認されていて、それぞれに顕性と潜性があります（P12・20）。

祖先（リビアヤマネコ）と同じ毛色を持つキジトラ（P22）であれば、A（アグチ）遺伝子の顕性を持ち黒と茶のメラニンが交互につくら

※1通常、顕性遺伝子をアルファベットの大文字、潜性遺伝子を小文字であらわす。

B遺伝子（ブラック） 黒色をつくる

B（顕性）だと黒、b（潜性）ではチョコレートやシナモン、こげ茶など、品種での特徴的な色があらわれる。

T遺伝子（タビー） 縞の模様を決める

縞模様の猫はみんな持っている。T遺伝子は3タイプの縞模様を決める (P26)。

C遺伝子（カラー） 色をつける

C（顕性）だと体全体に色がつく（フルカラー）。潜性はシャム猫などに見られ、体の端部やしっぽの先だけに色がつく（ポイントカラー）。

D遺伝子（ダイリュート） 毛色の濃さを決める

d（潜性）をペアで持つと、メラニンが正常とは異なる形で細胞に運ばれ、毛色が薄くなる。黒猫にこのddが加わるとブルー（見た目はグレー）になる。

I遺伝子（インヒビター） シルバーが出る

I（顕性）により、茶メラニンが蓄積されず、茶色の部分がシルバーに置き換わる。縞柄や渦巻き柄の猫がI（顕性）を持つとシルバータビーになる。

れ、それらが均等に毛に運ばれ、アグチ毛になります【※Ⅰ・2】。しかし、変異で生まれた遺伝子を持つ猫は、片方のメラニンがつくられなかったり、メラニンが運ばれなかったりして祖先とは異なる毛色になるのです。

※2 祖先のリビアヤマネコが持っていた遺伝子型（または集団内で頻度の高い遺伝子型）を「野生型」といい、キジトラは「野生型」の遺伝子を持つ。そこから突然変異で生まれた遺伝子は「変異型」。A遺伝子であれば野生型はAAで、aaは変異型になる。

猫の毛色遺伝子表

遺伝子記号	対立遺伝子		備考
	顕性	潜性	
ホワイト W	W 毛を白くする	w^{s},w^{+} 一部の毛が白くなったり、白毛があらわれず他の遺伝子の色が出たりする	・ほかの毛色遺伝子より上位 ・W- のとき全身真っ白に、$w^{s}w^{s}$ または $w^{s}w^{+}$ のとき全身または体の一部が白くなり、w^{+} w^{+} は白色がつかない ・$w^{s}w^{s}$ または $w^{s}w^{+}$ の場合、個体によって体の白い部分の範囲が変わる
オレンジ O	O O のみを持つと茶毛になる	o アグチ毛か黒毛になる	・W より下位、A・B・I より上位 ・黒メラニンがつくれなくなり、1 本の毛が茶色になる ・X 染色体上にある ・オスなら、O で茶毛に、o でアグチ毛か黒毛になる ・メスなら、OO で茶毛に、Oo で二毛猫に、oo でアグチ毛か黒毛になる ・Oo の二毛に $w^{s}w^{s}$ または $w^{s}w^{+}$ が加わって三毛になる ・キジ猫になるか黒猫になるかは A 遺伝子で決まる ・Oを持っていると、I 遺伝子の顕性を持っていてもシルバーの毛にならない
アグチ A	A 1本の毛の中に縞ができる	a 縞ができず、黒毛になる	・AA か Aa でアグチ毛に、aa で黒毛になる ・O 遺伝子の顕性のみを持っていると、アグチ毛も黒毛もあらわれない
ブラック B	B 黒色（黒メラニン）をつくる	b,b^{l} 黒色が薄くなり、チョコレート色やシナモン色になる	・潜性遺伝子は b と b^{l} の2つがある ・優先順は B > b > b^{l} ・B- で正常に黒色がつくられる ・bb か bb^{l} でチョコレート色の毛になる ・$b^{l}b^{l}$ でシナモン（赤）色になる
カラー C	C 通常の色の毛がつくられる	c^{b},c^{s},c^{a},c 体の先端にだけ色がつくサイアミーズやバーミーズの毛色になり、さらにはアルビノになる	・潜性遺伝子には c^{b}、c^{s}、c^{a}、c の4つがある。c^{b} はバーミーズ、c^{s} はサイアミーズ、c^{a} は青い目のアルビノ、c は赤い目のアルビノ ・バーミーズは足が濃く胴体が明るい毛色で、シャムはバーミーズより胴体の毛が明るい ・優先順は C > c^{s}、$c^{b}c^{s}$ > c^{a} > c ・c^{b} と c^{s} は不完全顕性ではっきりとした優劣がない
ダイリュート D	D 毛の色が正常な濃さになる	d 毛色が薄く見える	・DD、Dd で毛の色が正常な濃さになる ・dd で毛の色が薄くなる ・dd では色素の輸送等にかかわるタンパク質であるメラノフィリンが正常に機能せず、メラニン色素が毛に均一に運ばれないことにより、結果として毛色が薄く見える
タビー T （アビシニアンタイプ）	Ti^{A} 全身がアビシニアン柄になる	Ti^{+} $Ti^{A}Ti^{+}$の場合は、全身がアビシニアン柄でしっぽや足先に縞柄があらわれる。$Ti^{+}Ti^{+}$の場合は、縞・渦巻き模様があらわれる	・T 遺伝子は2タイプあり、体全体の斑模様を決定する ・1 つはアビシニアンタイプ、もう 1 つは縦縞・渦巻きタイプと呼ばれる ・優先度は Ti^{A} > Ti^{+} > T^{m} > t^{b} ・Ti^{A} Ti^{A} はアビシニアン柄になり、Ti^{A} Ti^{+} は全身がアビシニアン柄で、しっぽや足にわずかに縦縞が入り、胴部にもうっすらの縞模様が出ることがある（Ti^{A} は半顕性のため） ・$Ti^{+}Ti^{+}$ のとき、$T^{m}T^{m}$ か $T^{m}t^{b}$ であれば縦縞（マッカレルタビー）に、$t^{b}t^{b}$ であれば渦巻き柄（ブロッチドタビー）になる ・2 タイプの遺伝子のほかにさらに 1 つ以上の遺伝子が関与して、縞模様が斑点（スポテッドタビー）に変化すると推測される
タビー T （縞・渦巻きタイプ）	T^{m} T^{m} を 1 つでも持っていると、縦縞になる	t^{b} t^{b} をペアで持っていると、渦巻き模様になる	
インヒビター I	I 茶メラニンの蓄積が阻害され、毛色がシルバーやスモークになる	i 正常に茶メラニンが蓄積される	・I 遺伝子は成長する毛に供給される色素の量を制限することにより、毛の色素形成を妨げる ・黒毛(aa)は茶メラニンをもともと持たないため、I 遺伝子の影響がないとされる ・O遺伝子(顕性)のほうが上位なので、茶トラはI 遺伝子の影響を受けない ・ii は正常に茶メラニンがつくられ、毛色に影響を与えない

Part2

日本の雑種
（ミックス）

日本で飼育頭数が最も多いのが雑種猫です。
毛柄も性格も多種多様、
魅惑の雑種猫ワールドへようこそ！

キジトラ

茶トラ

サバトラ

黒猫

白猫

三毛猫

二毛猫

キジトラ

猫の祖先の姿を色濃く残す猫。毛色だけではなく、性格にも「野性味」があらわれています。

しっぽ

しましまの先っぽが濃い色になる。これは縞柄の猫に共通の特徴。短いカギしっぽの子は、先っぽ（あるいは全体）が黒や黒褐色。

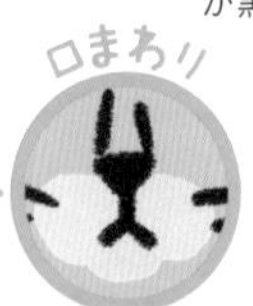

口のまわりだけ白っぽい毛が生えやすい。ひげも白が多いが、白と黒が混在する場合も。

からだ

黒褐色ベースに黒の縞模様。メラニン色素が多いため、毛は黒褐色。縞の太さや入り方には意外にも個体差があり、茶色っぽく見える子、黒っぽく見える子がいる。

活動性（ハツラツ度）	★★★★★
愛着と分離（飼い主スキスキ度）	★★★★☆
攻撃性（オラオラ度）	★★★★☆
社交性（猫どうし）	★★★☆☆
社交性（知らない人）	★☆☆☆☆

＊表は CAMP-NYAN の調査結果や、そのほかの資料をもとに総合的に評価したもの。

おでこのM字

縞柄（タビー）の猫に多く見られる特徴で、額にアルファベットのMのような縞が入る。

クレオパトラライン

目尻から頭の横まですっと入る黒いラインも縞柄の猫特徴。キリリとした印象をもたらす。

アイライン

目のまわりにくっきりとした黒いアイラインが入る。下だけ太めだったり、さまざま。

瞳

メラニン色素の影響が強い猫は、ゴールドやイエロー系が多いとされているが、グリーンの子も。

鼻

メラニン色素は肌(鼻)の色も決める。キジトラは濃淡あれど茶色がベーシック。色素薄めならピンクっぽくなる。黒やこげ茶の縁取りがある場合も多い。

毛色遺伝子

1本1本の毛	アグチ毛	
毛色関連遺伝子	w^+w^+	被毛に影響しない
	oo(o)	茶毛にならない
	A-	アグチ毛
	B-	正常に黒色をつくる
	C-	全身に色がつく
	D-	濃い毛色
	Ti^+Ti^+かつT^m-	縞模様
	ii	被毛に影響しない

＊キジトラの毛色関連遺伝子（W・O・A・B・C・D・T・I遺伝子）の遺伝子型をあらわす。
A-のように-であらわしたところは顕性・潜性どちらが入ってもよい。カッコ内はオス。
＊日々の研究結果のアップデートにより、変更になる場合がある。

黒や黒褐色が多い。これもメラニンの影響によるもの。肉球と鼻の色は同系になりやすい。

歴史

日本で一番多い毛柄

キジトラ（キジ猫）は、野鳥の雉（きじ）（メス）のような褐色の毛を持つことから、そう名付けられました［※1］。英語ではブラウン（あるいはブラック）マッカレルタビーといい［※2］、縞（タビー）模様が特徴的な猫です。純血種には見られない柄なので、ほぼ100％雑種（ミックス）猫です。日本で一番多く生息している毛柄といわれており、私たちには最も身近な猫といってもいいでしょう。いろんな割合で白が混じったキジ白やトビキジ（P31）を加えれば、相当な頭数になるはずです。

被毛

イエネコの祖先に限りなく近い猫

黒と茶色の縞模様が特徴のキジトラは、見るからに野性的です。それもそのはず、イエネコの祖先とされているリビアヤマネコがまさに同じ毛色だったのです。

そのためキジトラが持つ毛色の遺伝子はさまざまに変異する前の「野生型」と呼ばれます。祖先が住んでいた砂漠地帯はもちろん、街中でも景色にとけこむキジトラ柄の毛色。これをつくるのがA遺伝子（アグチ）とT遺伝子（タビー）です（P18）。

キジトラの毛は、A遺伝子の顕性により1本の毛に黒と茶が交互に入るアグチ毛

※1 ヨモギ猫またはヨモギと呼ぶ地方もある。
※2 マッカレルは鯖の意味。鯖のような縦縞を持つことから。

リビアヤマネコと同じ柄だったキジトラ

リビアヤマネコは人が穀物を生産し始めると、それを狙うネズミを捕りに寄ってきて、やがて一緒に暮らし始めた。

キジトラ柄を決める遺伝子、アグチとタビー

A遺伝子によって1本の毛に黒と茶が出る。T遺伝子は、アグチ毛の黒と茶の割合（長さ）を変えることで、「縞柄」をつくる。

（キジ毛）になります（P17）。

全身の縞模様を決めるT遺伝子（タビー）には、縞・渦巻きタイプとアビシニアンタイプ［※］があります。両者はお互いに影響し合うので、まとめて「T遺伝子」として説明されます。キジトラの縞柄もアメリカンショートヘア（P74）の渦巻き模様も、アビシニアン（P134）に特徴的なティックドタビーもすべてT遺伝子の組み合わせによるものです。

性格

ご先祖様の野性味は健在？

祖先であるリビアヤマネコの毛色と柄を受け継ぐキジトラは、やはり野生的な性格

T遺伝子の組み合わせ

	T遺伝子の組み合わせ		柄
	縞・渦巻きタイプ	アビシニアンタイプ	
①	T^m-	$Ti^+\ Ti^+$	縞柄（マッカレルタビー）になる
②	$t^b\ t^b$	$Ti^+\ Ti^+$	渦巻き柄（ブロッチドタビー）になる
③	T^m- または $t^b\ t^b$	$Ti^A\ Ti^A$	アビシニアン柄（ティックドタビー、P138）
④	T^m- または $t^b\ t^b$	$Ti^A\ Ti^+$	全身がアビシニアン柄で、足やしっぽにわずかに縞が入る

縞・渦巻きタイプにはT^m（顕性）とt^b（潜性）の2種があり、アビシニアンタイプにはTi^A（顕性）とTi^+（潜性）の2種がある。この4種の組み合わせで全身の模様が決まる。アビシニアンタイプのほうが遺伝子的に優位。上の表では優位な順に③④①②となる。

※ アビシニアンとは純血種の1種（P134）。

なのでしょうか？

CAMP-NYANの調査［※］によると、性格をはかるどの要素も平均的な数値でした。極端に野生味があるわけではなさそうです。

一方で、別の研究では、キジトラの縞模様（アグチ模様とも）は攻撃性の高さと関連があり、活発性や攻撃性が高い傾向にあるとの結果も。ワイルドで人間になかなか心を開かない子もいる、という声も聞きますが、これらの遺伝子に由来するのかもしれません。

そんなキジトラですが、飼い猫になった途端に甘えん坊になってしまう子は多いようです。そのためか、一度キジトラと暮らすと、次の猫もキジトラをと望む人は少なくありません。

内弁慶は野性味の裏がえし

飼い主さんには甘えん坊

家族になったとたんデレデレになる子も多い。

来客は苦手

呼び鈴が鳴っただけで隠れる子もいる。

警戒心が強いため家族以外には簡単に懐かないが、その分飼い主さんが困るほどの甘えん坊だったりする。

※飼い主に詳細なアンケート調査を行い、猫の種類をキジトラ、キジ白、茶トラ、茶トラ白、サバトラ、白猫、黒猫、白黒系、三毛猫に分け、活動性や社会性など猫の代表的な６つの性格について数値化した。本書で参考にしている結果は予備調査であり、科学的な検査等を実施したものではない。

健康

多頭飼いは慎重に心を開くまで気長に見守ろう

元気ハツラツなキジトラの飼育環境はその運動能力に合わせて整える必要があります。猫は一般的に広さよりも高さを求めるといわれているので、キャットタワーで上下運動をさせることも有効。また、天性のハンターでもあるので、猫じゃらしやボールなどのおもちゃも用意したいですね。

キジトラは、特にオスでは大型化することもあり、食いしん坊な子も多いとされています。ただ、やんちゃで活動的なので、しかるべき運動量を保てば肥満も回避できるでしょう。体が丈夫で、長生きする個体が多いとされているキジトラは、飼い主さんが環境に気を配ることで長く家族の一員であってくれるはずです。

野性味が強いということは、縄張り意識も強いということ。多頭飼いをする際は、特に注意が必要です。先住猫や新入り猫とは、少しずつ慎重に顔合わせを。仲良くなってしまえば、飼い主さんが間に入り込めないほど親密な関係になれるでしょう。

人間もまた同様です。保護施設からキジトラを譲り受けたりすると、飼い主になかなか懐かないこともあるでしょう。でも気長に付き合えば、いつか必ず心を開き、デレデレベタベタの飼い猫になってくれるはずです。

野性味あふれる甘えん坊、猫好きにとってキジトラはやっぱり魅力的ですね。

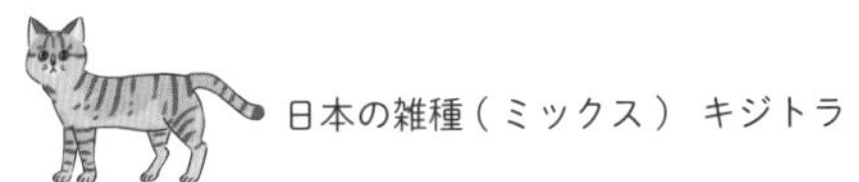

キジトラが好む環境

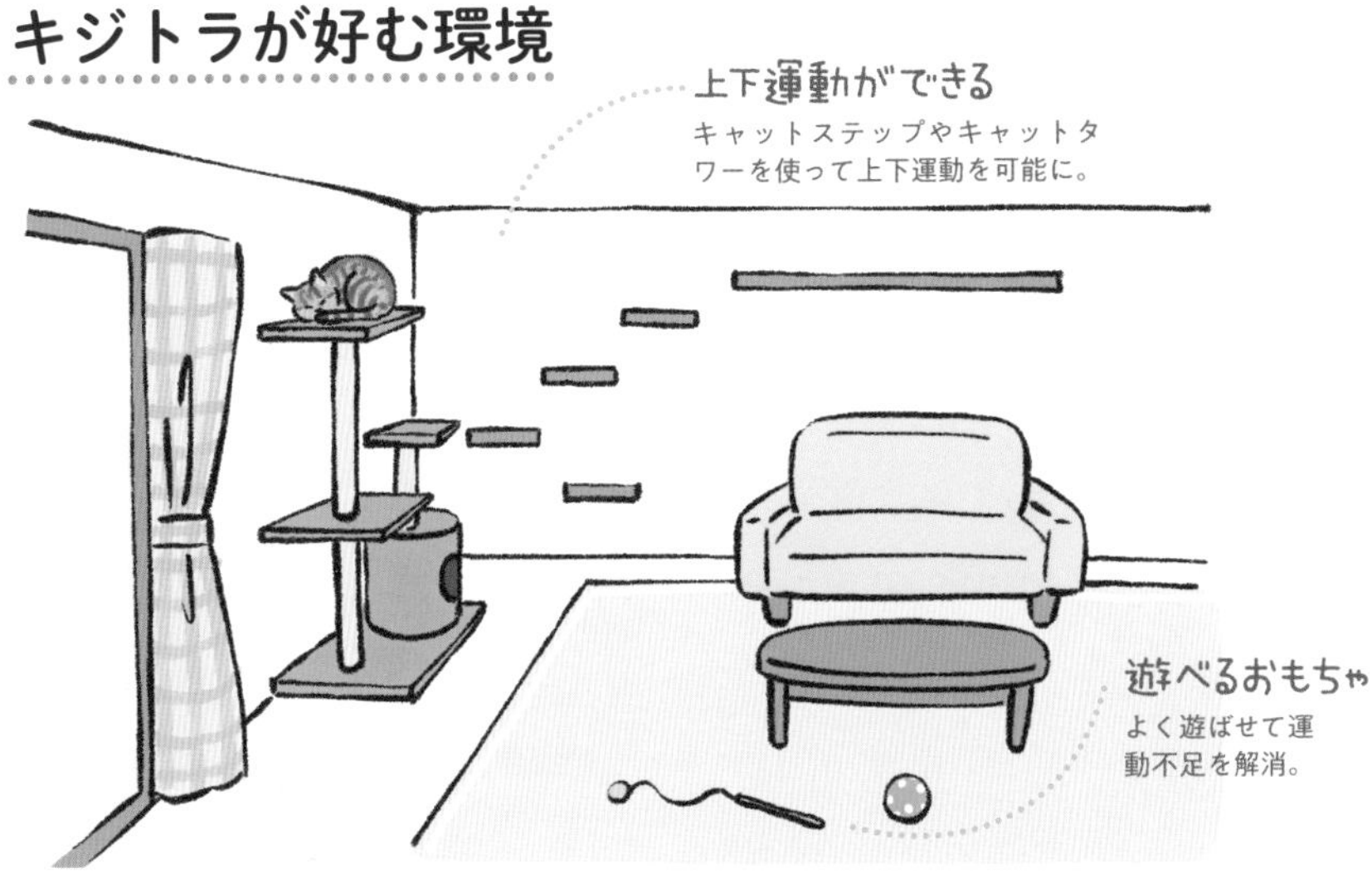

上下運動ができる
キャットステップやキャットタワーを使って上下運動を可能に。
遊べるおもちゃ
よく遊ばせて運動不足を解消。

キャットタワーは突っ張りタイプより据え置きタイプがおすすめ。つくりが頑丈なので、猫が活発に遊んでもグラつかず、安定感がある。

多頭飼いの注意

最初が大事
先住、新入り猫の顔合わせは、ケージ越しで慎重に。
距離感
ケージは先住猫の居場所から遠くに置き、自ずと近づくのを待つ。

ケージ越しの対面の前に別の部屋で数日過ごさせたり、対面の際に新入り猫のケージを布で覆ったりして顔合わせは段階を踏む。

キジトラファミリー！

キジ白、トビキジなどと呼ばれる白混じりのキジトラはミックス猫界ではポピュラーです。白の割合がそれぞれ違って個性的ですが、その模様は、遺伝子や細胞分裂時の細かな違いによるものです。

キジトラ
ファミリー
キジ×白

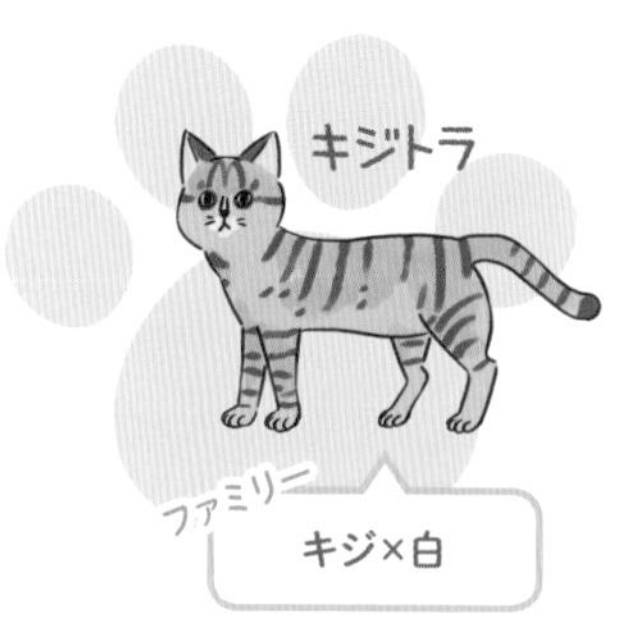

キジ×白

白地にキジトラの縞模様が入っています。キジトラ同様、活発で遊び好き。白い毛と性格の関係の謎ははっきりとわかってはいませんが、より甘えん坊になる傾向が強いです。

毛色遺伝子

1本1本の毛	アグチ毛、白毛	
毛色関連遺伝子	$w^s w^s$、$w^s w^+$	白毛が混じる
	oo(o)	茶毛にならない
	A-	アグチ毛を持つ
	B-	正常に黒色をつくる
	C-	全身に色がつく
	D-	濃い毛色
	Ti^+Ti^+かつT^m-	縞模様
	ii	被毛に影響しない

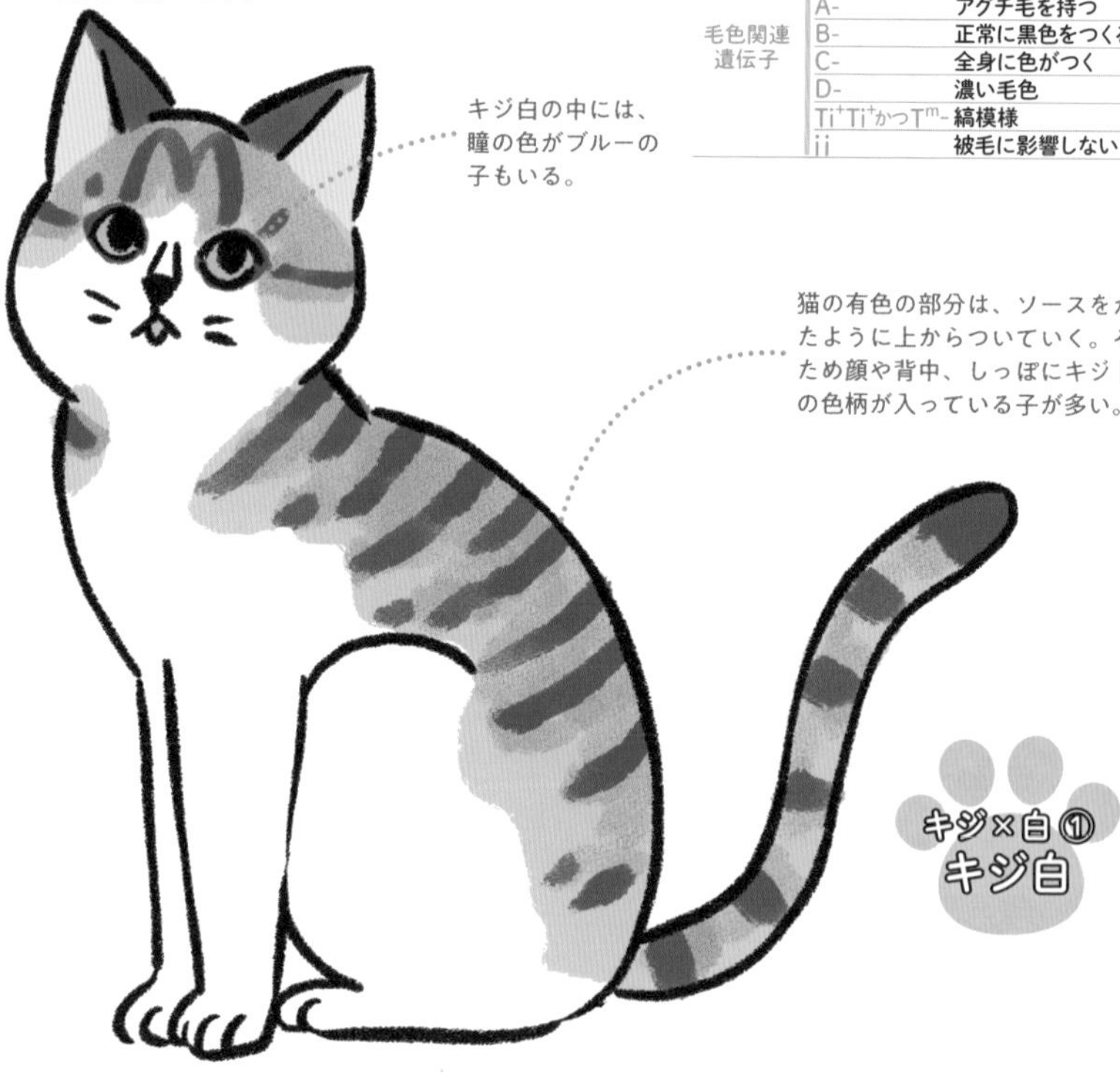
キジ白の中には、瞳の色がブルーの子もいる。
猫の有色の部分は、ソースをかけたように上からついていく。そのため顔や背中、しっぽにキジトラの色柄が入っている子が多い。
キジ×白①
キジ白

キジ×白② トビキジ

白の割合が大きくキジ柄がと
びとびに（まばらに）入る子
をトビキジと呼ぶことも。
キジトラ柄の出方は、個体
によってさまざま。

地色と異なる部分がま
だらについている猫を
ブチ（斑）ともいう。
この白色は体全体を白くする
W 遺伝子の一種だと最近の
研究で解明されてきた (P58)。

茶の濃淡が
縞になる

茶トラ

その8割がオスだといわれる茶トラは男の子らしく「やんちゃ」で「甘えん坊」。人懐こくて愛嬌たっぷりの猫です。

しっぽ 先っぽは色素が薄く、白っぽくなる。

顔 特有の大きめでふくよかな顔を持つ子が多い。

からだ 1本1本の毛は茶色。濃い茶の毛と薄茶の毛が縞をつくる。オスが多いため比較的がっしりした骨格で、大型化する子が多い。

活動性(ハツラツ度)	★★★☆☆
愛着と分離(飼い主スキスキ度)	★★★★★
攻撃性(オラオラ度)	★★★☆☆
社交性(猫どうし)	★★★★★
社交性(知らない人)	★★★★★

おでこのM字 特徴的なM字の縞がくっきりと入る。

クレオパトラライン 目尻から横に出るラインがくっきり入っている。

瞳 ゴールドやカッパーの瞳を持つ。

鼻 黒いメラニンを持たないので薄茶（オレンジ）、ピンク。しかしたまに黒い斑点があることも。

口まわり 口のまわりだけ白っぽい毛が生えやすい。ひげもメラニン色素のない白。

肉球 遺伝子的に黒いメラニンがつくられないためピンクになる。

毛色遺伝子

1本1本の毛	茶毛	
毛色関連遺伝子	w^+w^+	被毛に影響しない
	OO(O)	茶毛になる
	A遺伝子	どの組み合わせも働きが抑えられる
	B遺伝子	どの組み合わせも働きが抑えられる
	C-	全身に色がつく
	D-	濃い毛色
	Ti^+Ti^+かつT^m-	縞模様
	I遺伝子	どの組み合わせも働きが抑えられる

歴史

日本にやってきたのは江戸時代以降

茶トラが絵画などに描かれるようになったのは江戸時代。そのため近代になって日本にやって来たといわれています。

被毛は茶色（オレンジ）の縞模様。英語ではレッドマッカレルタビー［※1］といいますが、その毛色からマーマレードキャット、ジンジャーキャットとも呼ばれます。

被毛

茶色の毛は伴性（ばんせい）遺伝

茶色やオレンジの毛色をつくるO（オレンジ）遺伝

キジトラからの突然変異

野生型のO遺伝子（oo または o）を持つキジトラは、1本の毛に茶と黒が交互に入ったアグチ毛。一方茶トラは、変異型（O- または O）を持つため黒色がつくられず、毛が茶色くなった。

※1 マッカレルは鯖、タビーは縞のこと。鯖柄の縞の意。

子（P18）は「変異型」。この顕性遺伝子Oがあると、キジトラは黒毛をつくるメラニンがなくなり［※1］、毛の1本1本が茶色に。これが茶トラです。

そして、もう1つ特徴的なのは、圧倒的にオスが多いこと。これも遺伝子の仕業です。O遺伝子のうち、O（顕性）を持ち、o（潜性）を持たないのが茶トラになる条件。O遺伝子は性染色体のX染色体上にあるので［※2］、X染色体を1つしか持たないオス（XY）に比べ、2つ持つメス（XX）はほかの毛色になる確率が高いのです（つまり両方のX遺伝子にOがないと茶トラになりません）。茶トラに大柄な子が多いのも、食いしん坊な印象が強いのも、オスが多いからだといえるでしょう。

男の子が多い理由

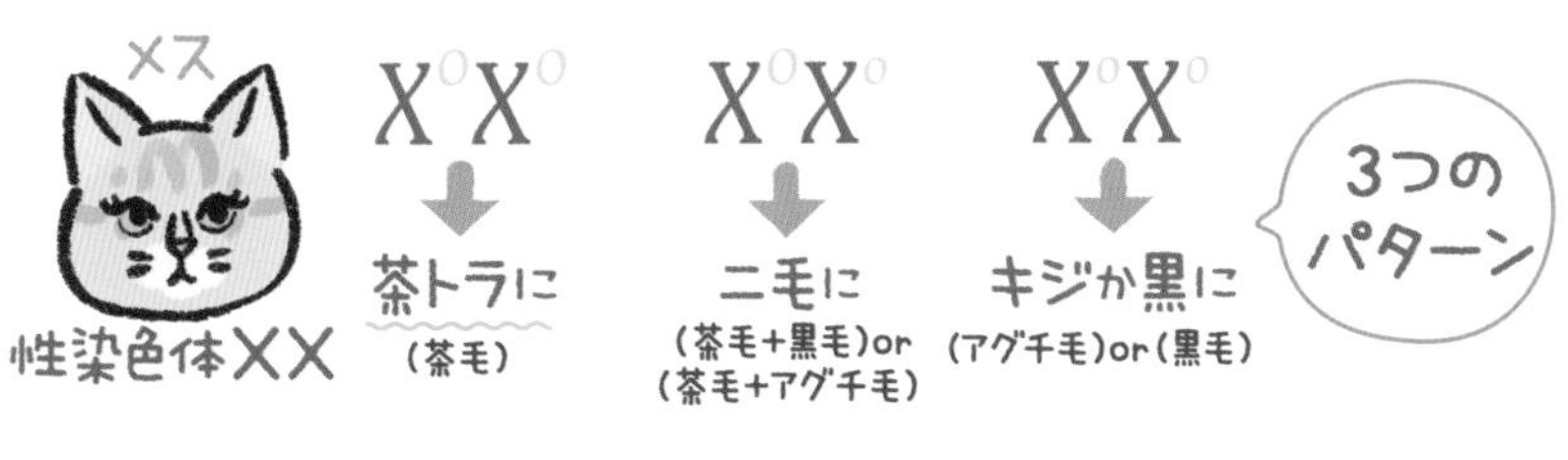

X^OY
茶トラに
（茶毛）

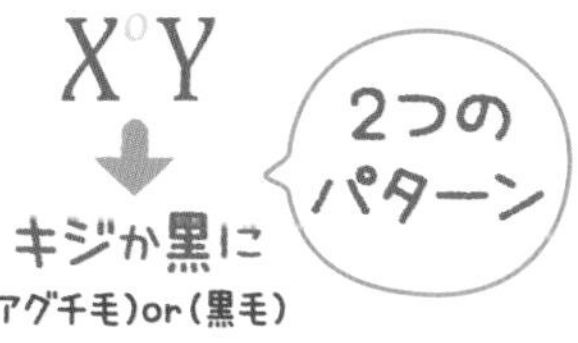

2つのパターン

O遺伝子の毛色パターンが少ないのでオスのほうが茶トラになりやすい。ある統計では茶トラの8割がオスという結果も。

※1 顕性のA(アグチ)遺伝子を持っていてもそのA遺伝子の働きが抑えられて、黒メラニンがつくられなくなる（O遺伝子はA遺伝子より上位）。
※2 性染色体上にある遺伝子による働きを伴性（ばんせい）遺伝という。

性格・健康

甘えん坊でやんちゃ、とにかく男の子っぽい！

茶トラの飼い主さんは、愛猫について異口同音にこういいます。「甘えん坊」で「食いしん坊」、「のんびり屋さん」だけど時には「やんちゃ坊主」。つまり、茶トラは男の子っぽいのです。個体差はあるにせよ、とにかく人懐っこく愛嬌たっぷり。

研究によれば、オレンジの毛色を持つ猫は、はっきりとした攻撃性が見られるそう。一方で、茶トラはフレンドリーという研究結果もあります。CAMP-NYANの調査でも、茶トラの性格はとてもはっきりしていて、攻撃性と愛着性が全毛色（P27）の中、最も高く1位、活動性と社交性の高さが2位でした。

近所の野良猫の勢力図を思い浮かべると、ボス猫は大きな茶トラであることが少なくありません。強くて、人望（猫望？）のある猫が多いのかもしれません。

食欲旺盛（おうせい）な茶トラ猫が何より気をつけたいのは肥満です。良質なフードを適量与えることが肝要ですし、オモチャなどで遊んでカロリー消費を心がけるとよいでしょう。

また、甘えっ子ということは、さみしがり屋という側面もあります。ストレスが溜まらないように、お留守番の時間は短くしましょう。常に誰かが家にいる環境なら絶好。お子さんやほかの猫とも仲良くなれますから、大家族向きの猫でもあります。

オラオラとデレデレが表裏一体

ボス猫のような性格
茶トラは熱くなりやすいけれど、情に厚い。

縄張り
猫はオスのほうがメスより広いテリトリーを持ち、縄張り意識が強い。

猫の群れはたいていメスと子供で構成されているが、オスも繁殖期になると交尾のため群れを渡り歩くようになる。体が大きくて強いオスほどテリトリーが広くなる。

肥満に注意

体質
太りやすいので、良質な食事と運動を。

ウェスト
上から見るのが手軽な肥満のチェック方法。くびれがなければ要注意。

胸を触ってみて、皮下脂肪が邪魔で肋骨に触れなかったら肥満の可能性も。

茶トラファミリー！

茶トラのファミリーもほかのミックス猫と同じように白の割合でさまざまな呼び名がついています。しかし、どの子もやんちゃで甘えん坊な傾向があり、茶トラらしい性格をしています。

茶×白

茶トラ部分が多いと「茶白」、白が多いと「白茶」、茶トラの色柄がとびとびに入る場合は「茶白トビ」と呼ばれることが多いようです。いずれもよく見かける毛色です。

毛色遺伝子

1本1本の毛	茶毛、白毛	
毛色関連遺伝子	$w^s w^s$、$w^s w^+$	白毛が混じる
	OO(O)	茶毛になる
	A遺伝子	どの組み合わせも働きが抑えられる
	B遺伝子	どの組み合わせも働きが抑えられる
	C-	全身に色がつく
	D-	濃い毛色
	$Ti^+ Ti^+$かつT^m-	縞模様
	I遺伝子	どの組み合わせも働きが抑えられる

茶×白① 茶白と白茶

性格などは茶トラに準じる。

茶×白②
茶白トビ

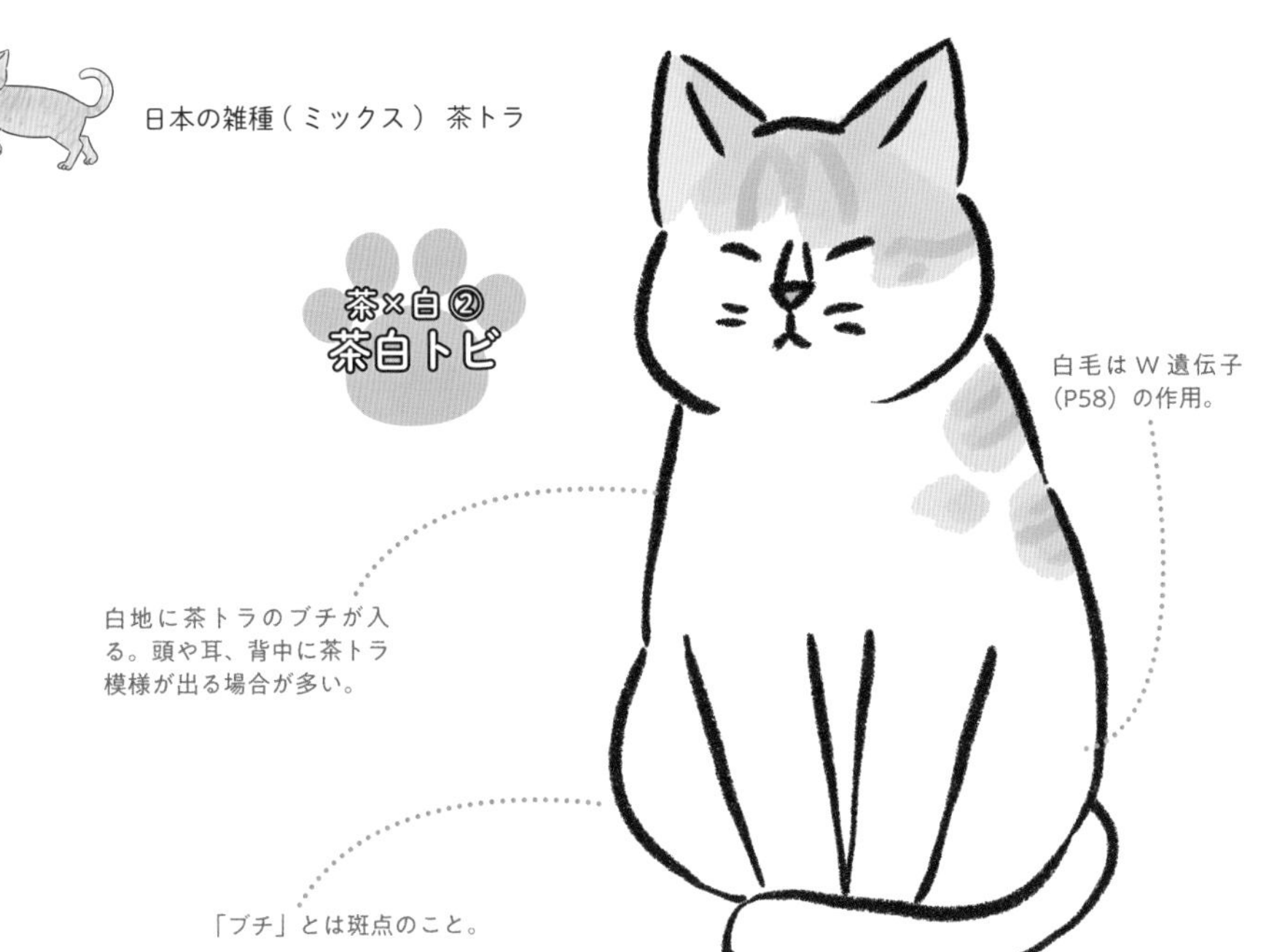

白毛はW遺伝子（P58）の作用。
白地に茶トラのブチが入る。頭や耳、背中に茶トラ模様が出る場合が多い。
「ブチ」とは斑点のこと。

クリーム

茶トラ、茶白、白茶、茶白トビ、すべての茶トラファミリーのうち茶トラ柄の部分の色素が薄い子をこう呼びます。

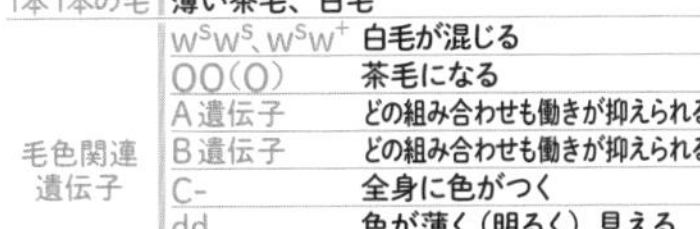

毛色遺伝子（茶白のクリーム）

1本1本の毛	薄い茶毛、白毛	
毛色関連遺伝子	$w^s w^s$、$w^s w^+$	白毛が混じる
	OO(O)	茶毛になる
	A遺伝子	どの組み合わせも働きが抑えられる
	B遺伝子	どの組み合わせも働きが抑えられる
	C-	全身に色がつく
	dd	色が薄く（明るく）見える
	Ti^+Ti^+かつT^m-	縞模様
	I遺伝子	どの組み合わせも働きが抑えられる

薄い色はD（ダイリュート）遺伝子の潜性によるもの。茶毛に作用するとカスタードクリームのような黄味のある色になる。

サバトラ

シルバーのベースに
黒の縞模様

戦後に洋猫との雑種として誕生したサバトラは目にする機会の少ない希少な猫。性格はちょっと「内弁慶」だといううわさです。

しっぽ 先っぽだけ黒くなっている。

からだ シルバーの地に黒い縞模様が入っている。シルバーは遺伝子的に見ると生まれるのが珍しい。

活動性（ハツラツ度）		★★★★★
愛着と分離（飼い主スキスキ度）		★★★★★
攻撃性（オラオラ度）		★★☆☆☆
社交性	（猫どうし）	★★★☆☆
	（知らない人）	★☆☆☆☆

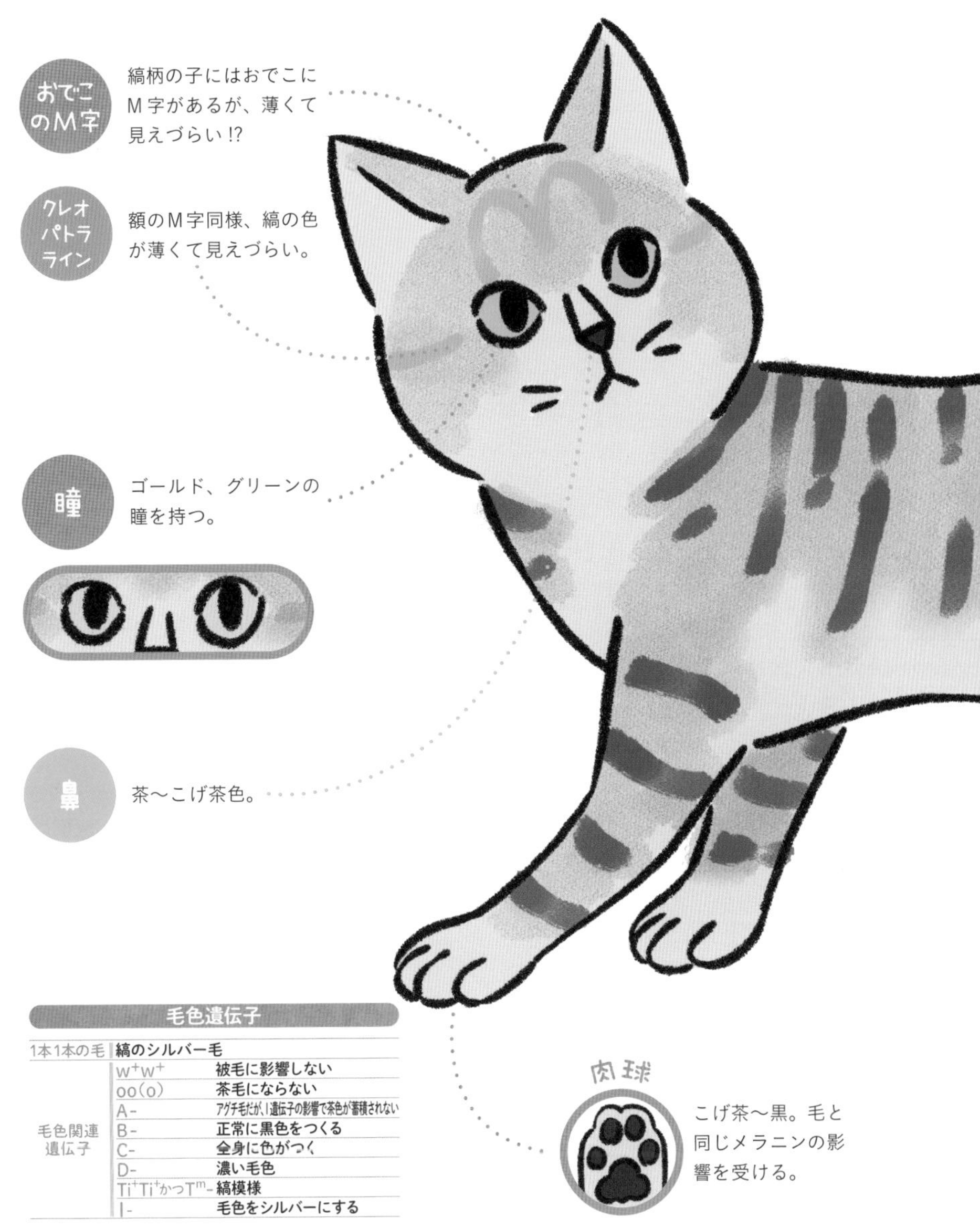

おでこのM字
縞柄の子にはおでこにM字があるが、薄くて見えづらい!?
クレオパトラライン
額のM字同様、縞の色が薄くて見えづらい。
瞳
ゴールド、グリーンの瞳を持つ。
鼻
茶～こげ茶色。
肉球
こげ茶～黒。毛と同じメラニンの影響を受ける。

毛色遺伝子

1本1本の毛	縞のシルバー毛	
毛色関連遺伝子	w^+w^+	被毛に影響しない
	oo(o)	茶毛にならない
	A-	アグチ毛だが、I遺伝子の影響で茶色が蓄積されない
	B-	正常に黒色をつくる
	C-	全身に色がつく
	D-	濃い毛色
	Ti^+Ti^+かつT^m-	縞模様
	I-	毛色をシルバーにする

歴史

戦後生まれの新しいミックス猫

サバトラは、美しいシルバーの地毛に黒い縞模様を持つ猫で、その呼び名は色合いが魚の鯖によく似ていることに由来します。

このサバトラ、ポピュラーなようでいて、実はその数は多くありません。そもそも、サバトラが日本で見られるようになったのは、第二次世界大戦以降といわれています。キジトラなどの縞柄の猫が、戦後に海外からやってきた洋猫と交配して誕生したのがサバトラだとする説が有力です。

そういえば、アメリカンショートヘア（P74）にもよく似ているかも……［※1］。

洋猫と日本猫のミックス？

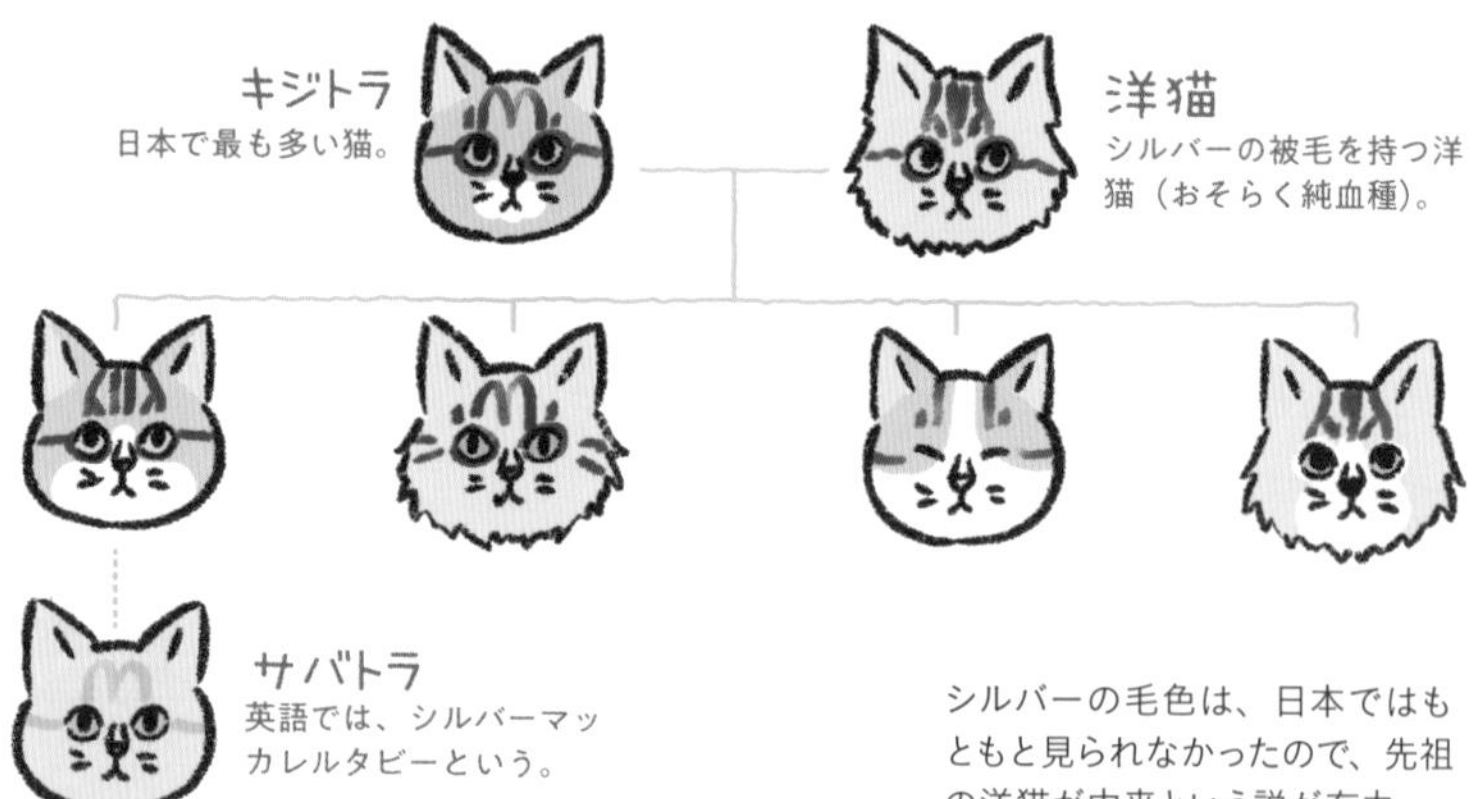

キジトラ
日本で最も多い猫。
洋猫
シルバーの被毛を持つ洋猫（おそらく純血種）。
サバトラ
英語では、シルバーマッカレルタビーという。
シルバーの毛色は、日本ではもともと見られなかったので、先祖の洋猫が由来という説が有力。

※1 アメリカンショートヘアとの一般的な違いは「縞」にある。アメリカンショートヘアは渦巻き縞（ブロッチドタビー）で、サバトラは縦縞（マッカレルタビー）。

被毛

ほかの縞柄のほうが遺伝子的に優勢

サバトラ数が少ない理由がもう1つあります。毛色をシルバーにするI（インヒビター）遺伝子が、ほかの遺伝子と比べるとあまり強くないのです。

たとえばI遺伝子はO遺伝子よりも下位にあります。サバトラになるためのI遺伝子を持っていても、毛を茶色にするO（オレンジ）遺伝子（顕性O）とI遺伝子（顕性I）の両方を持つ場合、Oが優先される（遺伝子上位にある）ため、その猫は茶トラになるのです。つまり、シルバーの被毛を持つサバトラは、希少な猫といえるでしょう。

シルバー色はあらわれにくい

O遺伝子の顕性Oを持っていると、サバトラのI遺伝子は表の毛色に出てこない。潜性oが働くときにI遺伝子の顕性Iが発現し、茶メラニンが蓄積するのを阻害して毛色をシルバーにする。

性格・健康

進化した結果、かなりの内弁慶に⁉

警戒心が強いが人懐っこい、そんな両極の性格をあわせもつのも、サバトラの興味深いところ。野生の環境ではシルバーの毛色は目立つため、神経質で警戒心が強くなったというのは納得のいく話ですが、それゆえ人間に守ってもらうよう人懐っこく朗らかに進化したという声もあるのです。

総合すると、野性味を残しているため、懐くまでは時間がかかるものの、慣れてしまえばデレデレの甘えっ子。そんな子が多いようです。

サバトラは野性味がある猫ゆえ、活発です。希少な猫のため CAMP-NYAN の調査ではたくさんのデータを集めることはできませんでしたが、ほかの毛色の猫と比べて、遊び好き、さほど神経質ではなく、飼い主さんへのベタベタ度は最下位でした。単独でも上下運動で遊べるキャットタワーなどを設置しましょう。

また、よく食べる子が多いという話も聞きますから、健康のためには食事管理も忘れずに。

そして、個体差はもちろんありますが、お客さんが苦手というのはサバトラに共通するところのようです。かなりの内弁慶であることは確かなので、来客が少なく、家族とゆったり過ごせるおうちに向いている猫でしょう。

保護色にならない毛色ゆえに警戒心が強い

サバトラの人懐っこさは、祖先とされる洋猫の人に対する社交性の高さを受け継いでいるという説もある。

サバトラに適した室内環境

ひとりが好き 過度にスキンシップをとるのはさける。

Z Z Z

食事管理 よく食べる子が多いので、適切な量を与える。

キャットドームや段ボールなど、猫がいつでも身を隠せる場所を家の中に用意するとよい。

サバトラファミリー！

全身サバトラ柄の猫は日本にほとんどいないといっていいでしょう。基本的に多少の白が混ざります。ただでさえも出会うのが多くないサバトラ。見かけければちょっとハッピーな気分に!?

サバ×白

サバトラはどこかに白い毛が入っている子がほとんどですが、中でも白い部分とサバトラ柄の部分がはっきり分かれている子をサバ白と呼びます。

毛色遺伝子

1本1本の毛	縞のシルバー毛、白毛	
毛色関連遺伝子	$w^s w^s$、$w^s w^+$	白毛が混じる
	oo(o)	茶毛にならない
	A-	アグチ毛だが、I遺伝子の影響で茶色が蓄積されない
	B-	正常に黒色をつくる
	C-	全身に色がつく
	D-	濃い毛色
	Ti^+Ti^+かつT^m-	縞模様
	I-	毛色をシルバーにする

ほかの雑種（ミックス）猫同様、白毛の入る配分は十猫十色。猫の柄は、上からソースをたらしたように出るため、頭や背にサバトラ柄が出ている。

白い部分が多いとより攻撃的だといわれるが、基本的な性格はサバトラに準ずる。

サバ×白②
サバ白トビ

全体的に白い被毛に覆われ、所々にサバトラ柄が入っている場合はサバ白トビ、あるいはサバ白ブチと呼ばれる。

グレートラ

サバトラに色を薄くするD（ダイリュート）遺伝子の潜性が作用して、パステルグレーの色合いになったサバトラのこと。

毛色遺伝子

1本1本の毛	薄い縞のシルバー毛	
毛色関連遺伝子	w^+w^+	被毛に影響しない
	oo（o）	茶毛にならない
	A-	アグチ毛だが、I遺伝子の影響で茶色が蓄積されない
	B-	正常に黒色をつくる
	C-	全身に色がつく
	dd	色が薄く（明るく）見える
	Ti^+Ti^+かつT^m-	縞模様
	I-	毛色をシルバーにする

日本ではほとんど見かけない。

黒猫

古今東西、黒猫の言い伝えは数知れず。
それだけミステリアスな存在ですが、
実は「お利口」でとことん「甘えん坊」です。

黒一色の
ツヤツヤの被毛

雑種のしっぽの長短はいろいろ。すらりと長いロングテール、短くてかわいいボブテール、しっぽの先が曲がっている尾曲がれなどがある。

からだ

黒毛に独特なつやがある。子猫時代にはゴーストマーキング（薄い縞模様）があらわれることも。

活動性（ハツラツ度）		★★★☆☆
愛着と分離（飼い主スキスキ度）		★★★★★
攻撃性（オラオラ度）		★★☆☆☆
社交性	（猫どうし）	★★★☆☆
	（知らない人）	★★★☆☆

瞳
カッパー（銅色）、ゴールドが多い。まれにイエローグリーンの子もいる。

鼻
真っ黒、あるいはこげ茶色。

ヒゲ
基本は真っ黒。ごくまれに白い子も。

口まわり
ここだけ白っぽい毛が生えやすい。

エンジェルマーク
全身真っ黒な子もいるが、どこかに白斑（エンジェルマーク＝幸せを運ぶしるし）を持つ子が多い。

肉球
主に黒やあずき色。メラニンの影響が強いためこの色になる。 

毛色遺伝子

1本1本の毛	黒毛	
毛色関連遺伝子	w^+w^+	被毛に影響しない
	oo（o）	茶毛にならない
	aa	黒毛になる
	B-	正常に黒色をつくる
	C-	全身に色がつく
	D-	濃い毛色
	T遺伝子	どの組み合わせでも縞なし
	ii	被毛に影響しない

歴史

幸せを運ぶ、漆黒の福猫

黒猫ほど迷信や言い伝えに登場する猫はいません。かつてヨーロッパでは魔女の使いとされて疎まれ、日本でも目の前を横切ると不吉だと避けられてきました。かと思えば、イギリスでは幸運の使いとして愛玩されていたようですし、日本近代文学の代表『吾輩は猫である』の主人公も夏目漱石の家に迷い込んだ黒い子猫がモデルで、福猫とされていたのだとか。

そんな吉凶こもごもの歴史を持つ黒猫ですが、現在では幸運を呼ぶ存在としてかわいがられていることが多いようです。

伝承や文学にたくさん登場

西洋の猫

黒猫は、魔女自身が変身した姿とも考えられていた。

日本文学の中

夏目漱石も黒猫を飼っていた。この黒猫も名前がついていなかったとか。

平安時代の宇多天皇も黒猫を溺愛していて、『宇多天皇御記』(889 年) にはその様子が細かく記されている。

被毛

潜性のA遺伝子（変異型）の働きで黒一色に

なにしろブラックソリッド［※］とも呼ばれる漆黒の被毛は美しく、短毛でも長毛でもその魅力は変わりません。

この黒色も、もちろん遺伝子の作用によるものです。黒猫は、茶メラニンと黒メラニンをつくるタンパク質の形成にかかわるA遺伝子の変異型を持ちます。野性型のA（顕性）では1本の毛の中に茶と黒の縞模様が出ますが、変異型のa（潜性）を2つペアで持つと黒だけの単色になります。aは潜性なので、Aとaがペアだとaが表に出ることはありません。

アグチ毛をつくる遺伝子が変異している

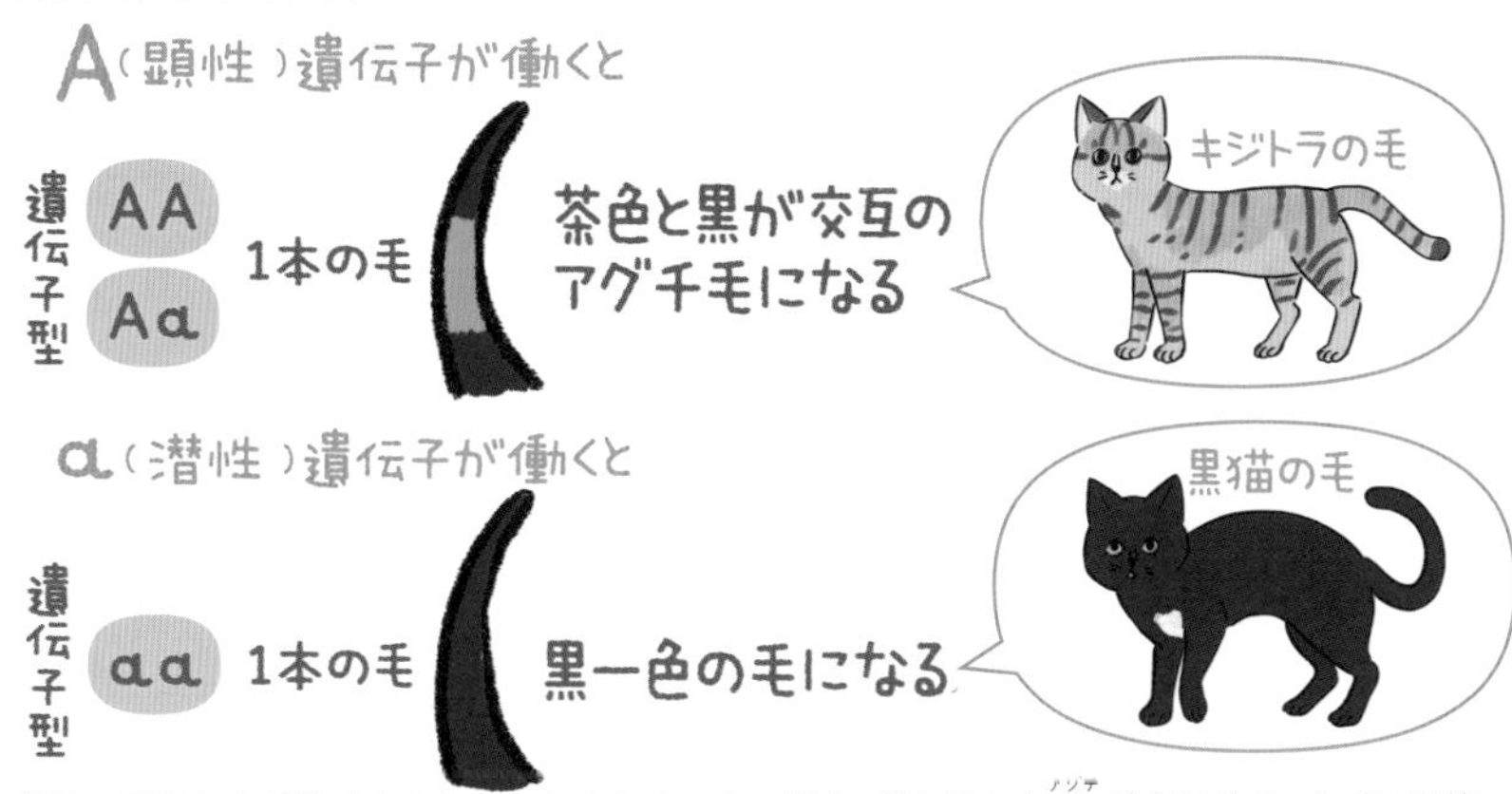

縞柄の両親から黒猫が生まれることもある。その場合、父と母とも A 遺伝子を Aa のペアで持っている。親から a をそれぞれ受け継ぐと aa のペアになり、黒一色の猫（aa）になる。

※単色のことをソリッドという。

性格・健康

ミステリアス？ いいえ、大の甘えん坊！

ミステリアスでクールな雰囲気をまとう黒猫ですが、その見た目とは裏腹に性格はとても人懐こく甘えん坊。猫というより犬に近いという飼い主さんもいます。

CAMP-NYAN の調査では、黒猫はほかの雑種（ミックス）と比べ社交性が最も高いという結果に。攻撃性も高めですが、神経質な傾向が比較的低いので、誰にでもグイグイくるタイプだといえます。家族以外の人間やほかの猫とも仲良くできることが多く、多頭飼いにも向いているでしょう。

なにしろ黒猫は「空気を読む猫」という異名を持つほど、その場の状況を判断して行動するコミュニケーション能力に長けています。そんな猫らしからぬ賢さも愛される理由の一つです。

好奇心も旺盛で、遊び好き。オモチャやキャットタワーなど、好きなだけ遊べる環境を用意してあげたいですね。

黒猫はその毛色から闇にとけこみがち。姿が見えないと思ったら、家具の裏などの暗がりにいるかもしれません。ただ、黒い毛の根本はグレーに近いので、飼い主さんの黒い服につくと意外に目立ちます。こまめなブラッシングを心がけましょう。また、黒い被毛に白毛が見られたら、それは老化のサインです。フードや生活環境を老猫仕様にする準備をしてください。

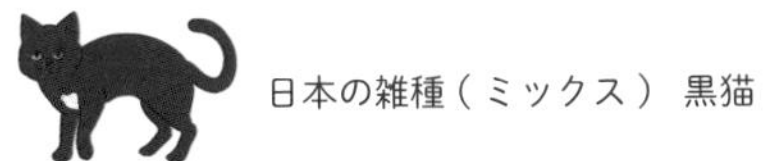

他人にも多頭飼いにも慣れやすい

社交的

人やほかの猫とうちとけるのが得意。

中には神経質な子もいるが、時間をかければ他人やほかの猫との距離を縮めることができるのも黒猫のいいところ。

たくさん遊べる環境が理想

犬のように飼い主さんが投げたボールをくわえて持ってくる子もいるほど遊び好き。

黒猫ファミリー！

モノトーンながら個性的なビジュアルの子が多いのが、黒白猫の魅力。性格は白と黒の配分によってずいぶん違うともいわれていますが、こちらもビジュアル同様、個性的な子が多いようで、猫好きにとっては興味が尽きません。

黒猫

ファミリー

黒×白

黒×白

一般的に黒が多いと黒白、白が多いと白黒と呼ばれます。白い部分の出方によっていろいろな名前を持っています。

毛色遺伝子		
1本1本の毛	黒毛、白毛	
毛色関連遺伝子	w^sw^s、w^sw^+	白毛が混じる
	oo（o）	茶毛にならない
	aa	黒毛になる
	B-	正常に黒色をつくる
	C-	全身に色がつく
	D-	濃い毛色
	T遺伝子	どの組み合わせでも縞なし
	ii	被毛に影響しない

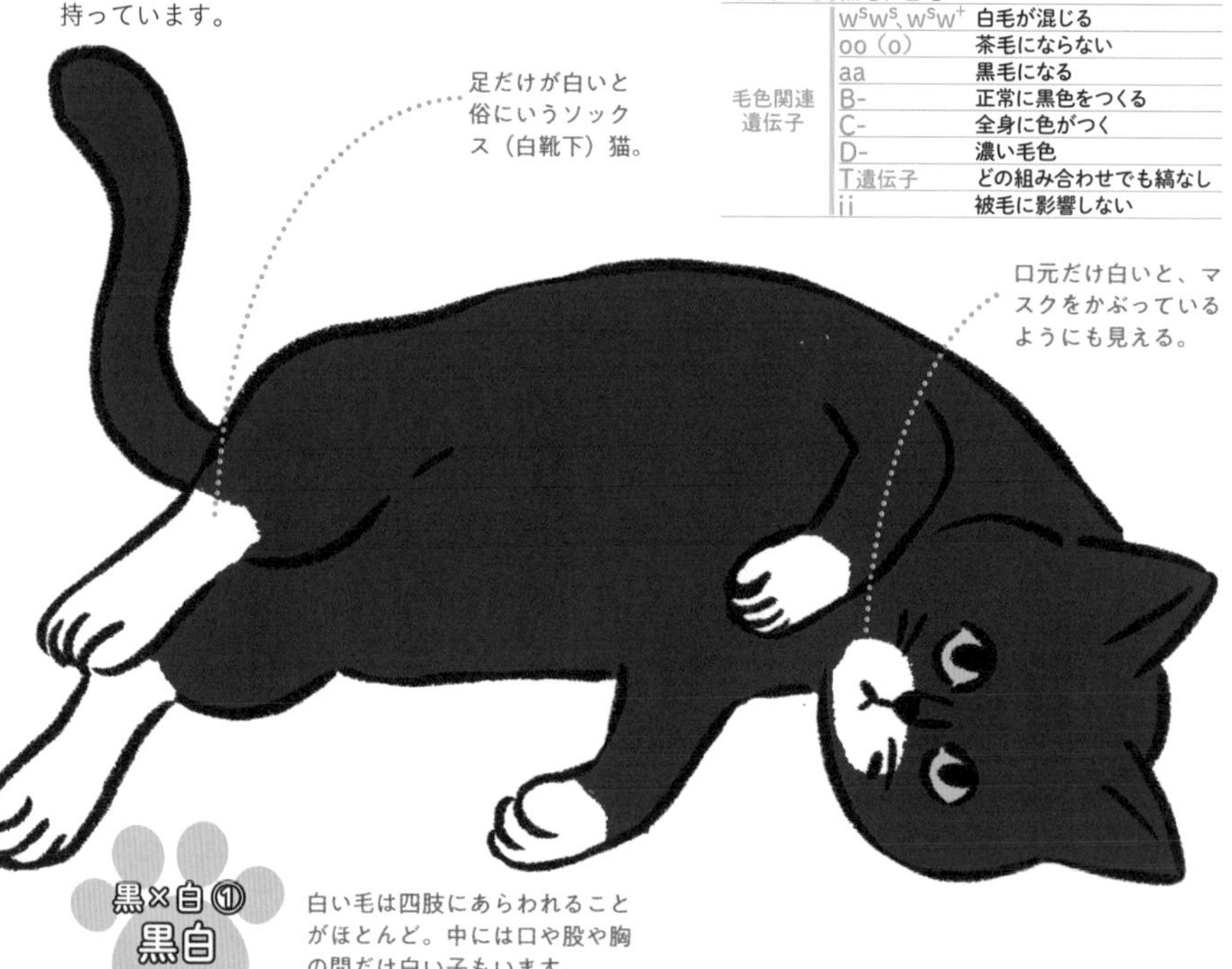

足だけが白いと俗にいうソックス（白靴下）猫。
口元だけ白いと、マスクをかぶっているようにも見える。

黒×白① 黒白

白い毛は四肢にあらわれることがほとんど。中には口や股や胸の間だけ白い子もいます。

毛色に白が混じると、鼻
がピンクになることも。
ペンライトテールと呼ばれ
る先端に白い毛を持つ長い
しっぽ。日本では「ホタ
ルしっぽ」などと呼ばれる。
額の黒と白の境目が
八の字になっている
「ハチワレ」。愛猫家
の心をくすぐる。
黒×白②
白黒
白い部分が多いと
名称は「白黒」に。
ブチ模様は英語で
スポットという。
黒×白③
黒ブチ模様
全体的に白い毛で、
黒いブチ模様があ
る子も、もちろん
黒白の仲間。

白猫

色素がほぼない
白一色の被毛

気品あふれる真っ白なその姿で、多くの人を魅了する美しい猫。「独占欲」が強めなところも魅力です。

キトゥンキャップ
子猫は頭頂部に薄い灰色柄があらわれることがあり、これを「キトゥンキャップ(色斑)」と呼ぶ。1才ぐらいまでにはには消えてしまうことが多い。

からだ
被毛は白一色。子猫期にのみあらわれるキトゥンキャップを除いてほかの色や柄が混じることはない。

活動性(ハツラツ度)	★★☆☆☆
愛着と分離(飼い主スキスキ度)	★★★★☆
攻撃性(オラオラ度)	★★★☆☆
社交性(猫どうし)	★☆☆☆☆
社交性(知らない人)	★☆☆☆☆

瞳

メラニン色素が少ないため、瞳はブルーの子が多め。左右の色が違うオッドアイは、片方がブルーでもう片方がイエロー、ブラウンやグリーンなどの別の色になる。

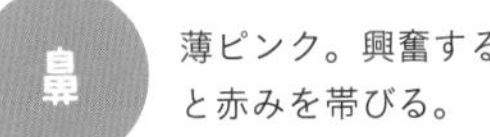

鼻

薄ピンク。興奮すると赤みを帯びる。

肉球

鼻と同様、メラニン色素がほとんどないので薄ピンク。

毛色遺伝子

1本1本の毛	白毛	
毛色関連遺伝子	WW	全身が白毛になる
	O遺伝子	どの組み合わせも働きが抑制される
	A遺伝子	どの組み合わせも働きが抑制される
	B遺伝子	どの組み合わせも働きが抑制される
	C遺伝子	どの組み合わせも働きが抑制される
	D遺伝子	どの組み合わせも働きが抑制される
	T遺伝子	どの組み合わせも働きが抑制される
	I遺伝子	どの組み合わせも働きが抑制される

歴史・被毛

最強遺伝子BIG「W」!!

招き猫をはじめ、日本には白猫をモチーフにした縁起物がたくさんあり、中でもオッドアイの白猫は「金目銀目」と呼ばれ、大変縁起がいいものとされてきました。

白猫の美しい被毛をつくるのはW（ホワイト）遺伝子です。キジ白や白黒の猫が持つ白毛は、以前は別の遺伝子［※1］によるものと考えられていましたが、W遺伝子上のKIT遺伝子［※2］の働きによるものだとわかってきました［※3］。W（顕性）があると、色素細胞が不活性化されるのでメラニン色素がほとんどつくられず白猫になります。W遺伝子は毛色に関連する遺伝子の中でも最上位。両親の片方が茶や黒の毛色をつくる遺伝子を持っていても、もう片方が白猫なら子もかなりの確率で白猫になるのです。他の毛色遺伝子はw^+（潜性）ペアを持つときに働きます。

ブルーの瞳を持つ子が多いのも白猫の特徴。左右の瞳の色が違うオッドアイもよく見られ（左頁）、猫全体では1％なのが、白猫では25％にものぼります。白猫の瞳は先天性の聴覚障害（難聴）と深くかかわっていて、これもW遺伝子の働きによるものです［※4］。

最強の遺伝子といってもそれは生存能力の高さとは一致しません。白猫の多くはとてもデリケートです。

※1 以前は体を部分的に白くするのはS遺伝子の働きだと考えられてきたが、実際は同じ遺伝子であるため、本書ではW遺伝子の中のw^Sによるものとしている。

※2 KIT遺伝子は、受精卵が胚になり細胞分裂を繰り返す過程で、メラニン細胞の芽が全身にまんべんなく行きわたる仕組みを阻害する。そのため、被毛が部分的に白くなったり、色がブロック分けされたようになる。

白の遺伝子は最強

…白猫
W遺伝子をW－の型で持つ

…有色猫
W遺伝子をw^+w^+の型で持つ

・親の片方が白猫の場合❶

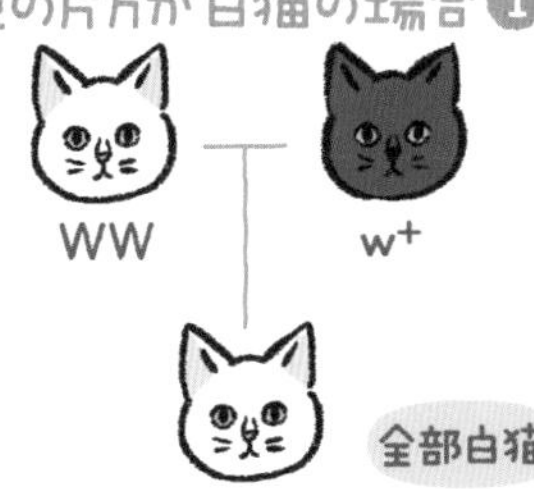

・親の片方が白猫の場合❷

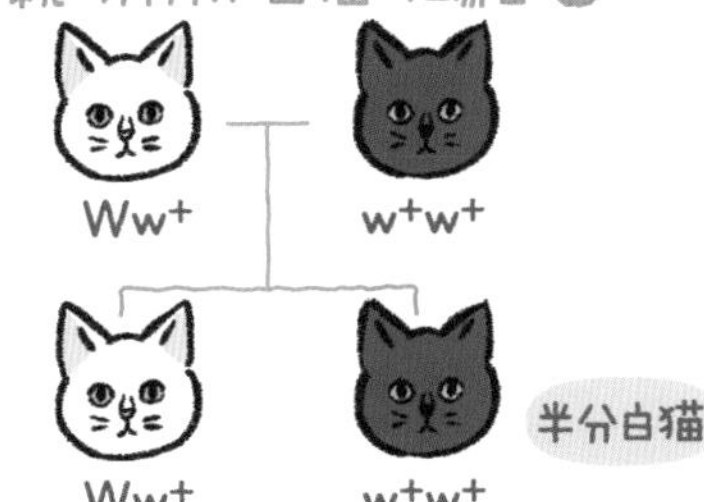

・親の両方が白猫の場合❶

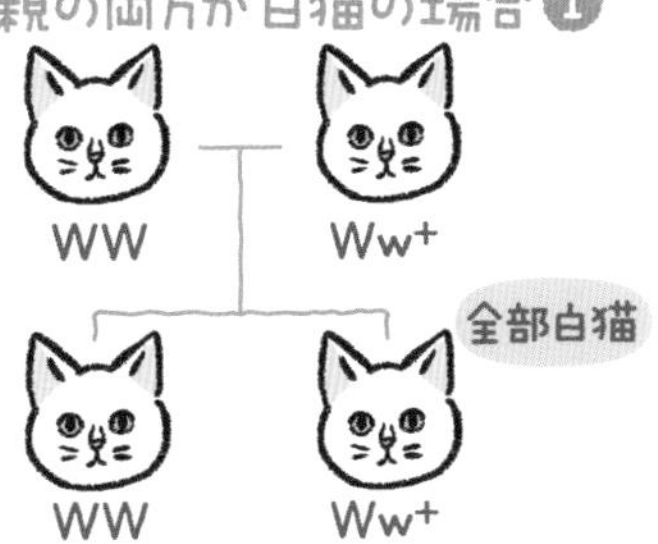

・親の両方が白猫の場合❷

白猫のオッドアイは25%の確率

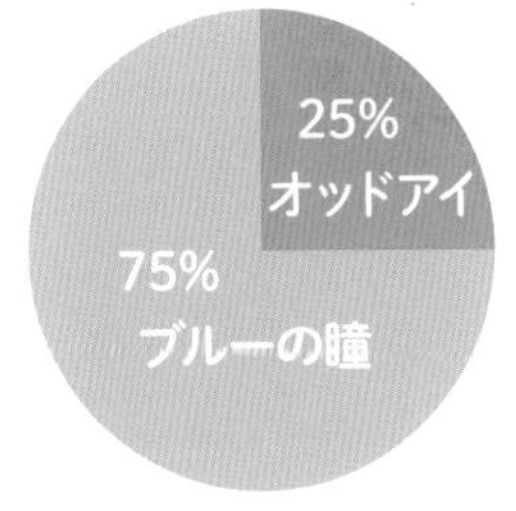

ブルーの瞳は青い色素を持っているのではなく、メラニン色素の量がほとんどないから青く見えるだけ。オッドアイの白猫の瞳は必ず一方がブルーになる。

※3 David et al. (2014). Endogenous retrovirus insertion in the KIT oncogene determines white and white spotting in domestic cats. G3: Genes, Genomes, Genetics, 4(10), 1881-1891.

※4 W遺伝子の顕性により、メラニン色素をつくりだすメラノサイトという細胞の働きが抑制されるが、このメラノサイトは視聴覚に不可欠なもの。瞳がブルーになるのは、メラノサイトがつくる目の色素がほとんどないから。耳にも障害があらわれやすくなる。

性格・健康

気高く美しい、女王様気質!?

性格はとってもデリケート。自然界で白の被毛は最も目立つため、必然的に警戒心が強くなったといわれています。また、見た目の美しさそのままに、気高い子が多いようです。一度懐けば飼い主さんには甘えますが、独占欲も強くなりがち。まるで女王様みたい。

また一般的に人懐っこいといわれているオスでも、あまりベタベタとするタイプではありません。人や猫との間に適度な距離感を必要とするのは、白猫の性格的な特徴といっていいでしょう［※1］。

被毛

白猫とアルビノ

白猫とアルビノ［※2］は似て非なる猫です。白猫の白毛はW（ホワイト）遺伝子の顕性によるものですが、アルビノの白毛はC（カラー）遺伝子の潜性によるものです（P107）。前者が色素細胞の不活性化による白毛なのに対し、後者は色素の生成に必要な酵素がうまく働かないことによる白毛です。

どちらも紫外線に弱く、直射日光に当たると日光皮膚炎などのトラブルが起きることも。窓ガラスをUVカット仕様に変えたり、同様の効果があるシートを貼ったりするなどして、対策しましょう。

※1 CAMP-NYANの調査では、サンプルに白猫がほとんどいなかったことから、その性格を調べることはできなかった。
※2 アルビノは、ほとんどの動物に見られる突然変異。メラニンがいっさいつくられない。

大所帯や来客は苦手

来客
玄関のチャイムの音に過剰にストレスを感じるようなら、身を隠せる安全な場所を設ける。
大家族
大家族や子供が多い家庭は性格的に合わない可能性がある。

他人やほかの猫が苦手な子が多い傾向。大家族や来客の多い家、多頭飼いには向かない可能性がある。もちろん個体差はあるが、なるべくストレスのかからない環境を用意する。

アルビノと白猫は同じ？ 違う？

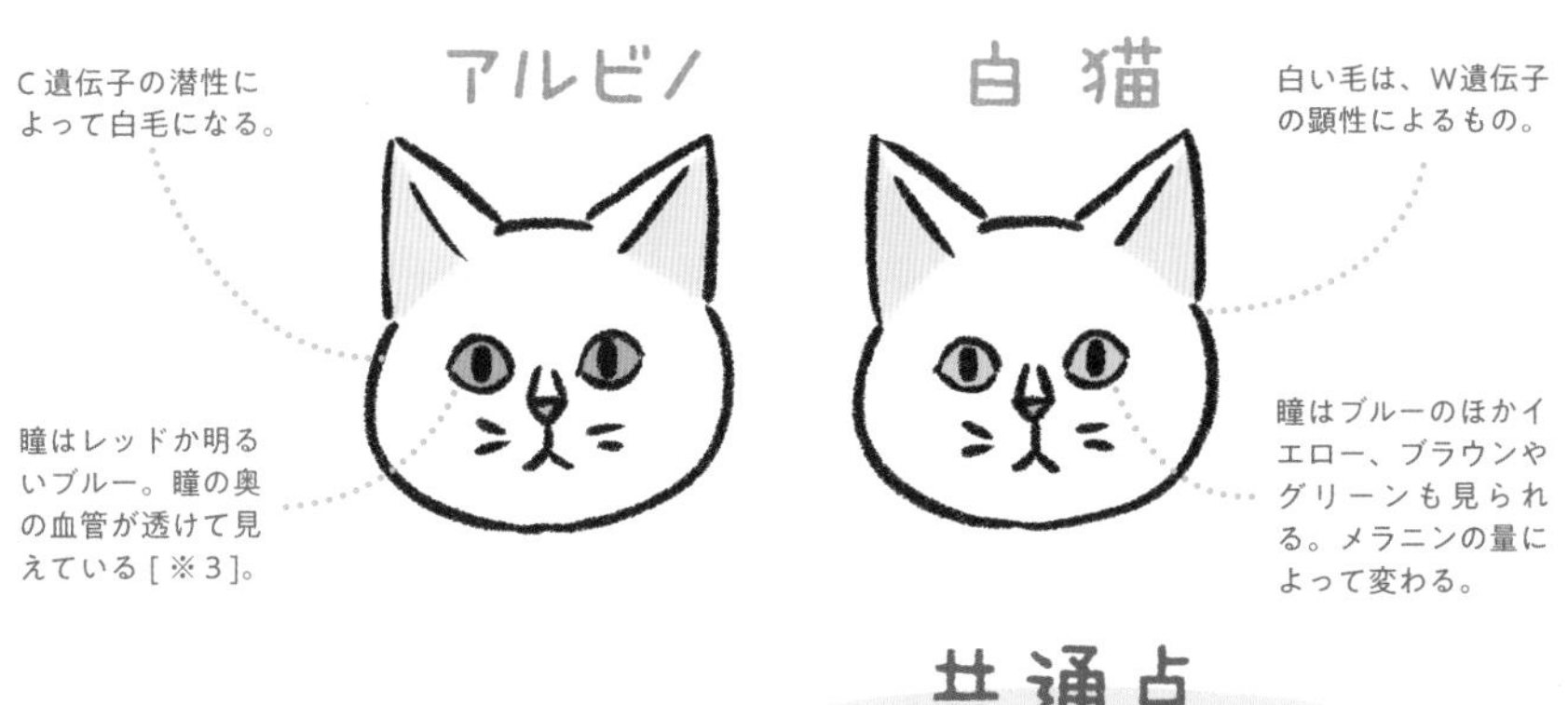

アルビノの猫は一見するとW遺伝子を持つ白猫と変わらない。違いは瞳の色。これは虹彩に色素がほとんど蓄積されないため。この瞳のせいで視覚障害が多いとされている。

※3 C遺伝子の潜性にはc^s、c^b、c、c^aの4つがあり、目が赤いアルビノはcをペアで持つ。目が青いアルビノはc^aのペア、もしくはcとc^aのペアを持つ。

白×黒×茶の
三色カラー

三毛猫

遺伝学上、ほぼすべてがメス猫。
白、茶、黒（キジ）の3色による個性的な被毛と、
「ツンデレ」な性格が猫好きさんをメロメロにします。

しっぽ

色素が強く出る部位で、黒と茶色のしましまが多い。たまに白が入って、しっぽまでちゃんと三毛の子も。

からだ

白ベースに黒と茶色の毛が入る。黒の部分が黒毛ではなく、アグチ毛（P17）の場合は、白×茶×キジ色の三毛猫になる。

活動性（ハツラツ度）		★★★☆☆
愛着と分離（飼い主スキスキ度）		★★★★★
攻撃性（オラオラ度）		★★★★☆
社交性	（猫どうし）	★★★☆☆
	（知らない人）	★★★☆☆

瞳
メラニンが多めだとゴールドになる。逆にメラニンが少ないとブルーやグリーンになることも。
多
メラニン量
少
鼻
ピンクがほとんど。ほかには、黒やオレンジの子も。
肉球
ピンクが圧倒的多数！ピンクに茶色のブチが入った、いちごチョコのような肉球の子も。

毛色遺伝子（白、黒、茶の三毛猫）

1本1本の毛	白毛、茶毛、黒毛	
毛色関連遺伝子	w^sw^s、w^sw^+	白毛が混じる
	Oo	茶毛が混じる
	aa	黒毛があらわれる
	B-	正常に黒色をつくる
	C-	全身に色がつく
	D-	濃い毛色
	Ti^+Ti^+かつT^m-	縞模様
	I-	被毛に影響しない

歴史・被毛

遺伝子の仕業でオスの存在は奇跡的！

三毛猫とは、白・黒（キジ）・茶の3色の被毛を持つ猫の総称です。最大の特徴は、ほぼメスしかいないこと。これには遺伝子が深くかかわっています。

三毛猫になるには茶毛と、黒毛（あるいはアグチ毛）が同時にあらわれる必要があります。その条件としてX染色体上にあるO（オレンジ）遺伝子の顕性（O）と潜性（o）をペアで持っていなければいけませんが、オスはX染色体が1つしかないのでOoペアをつくることが不可能（下図）。ですから、三毛猫は基本的にメスとなります［※］。

なぜ三毛猫はほとんどメスなの？

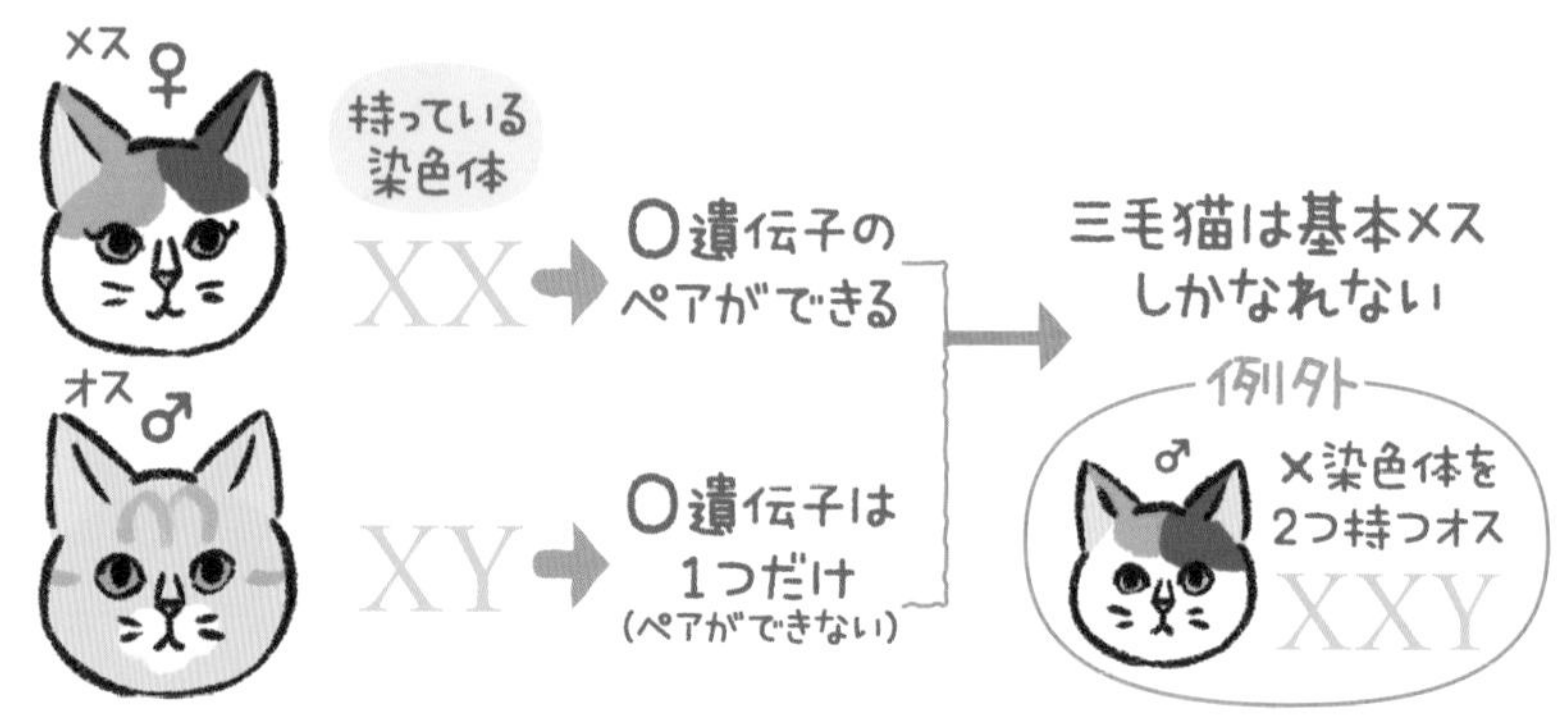

三毛猫になるにはO遺伝子をOoのペアで持っていなければいけない。そのO遺伝子 はX染色体上にしかないので、オスの三毛猫はほぼいない。

※中にはX染色体を2つ持つオス（XXY）もいるので、オスの三毛猫も存在する。オスの三毛猫の割合は、一説には3000匹に1頭とも、3万頭に1頭ともいわれている。オスの三毛猫でもX染色体だけを見て、メスと判別されたという話もある。

性格・健康

三毛猫には猫らしさがいっぱい

そんな三毛猫は、気まぐれでツンデレ、そしてちょっと臆病な性格として知られています。CAMP-NYANの研究では、三毛猫はほかの毛色の猫に比べ、神経質で、飼い主さんへの愛着が強いという結果が出ています。

神経質さゆえにいざとなったら攻撃的になりますが、飼い主さんには甘えっ子。「オスよりメスのほうがより猫っぽい」という一般論に照らし合わせれば、メスばかりの三毛猫が猫らしい性格といわれるのは必然なのかもしれません。

神経質だけど、飼い主さんにはデレデレ

病気
メス猫特有の子宮や乳腺などに注意。多くは避妊手術で予防できる。

メスが多いからか、「猫らしい」気まぐれな性格。でも飼い主さんにはデレデレ。性格的におとなしいという飼い主さんもいる。

三毛猫ファミリー！

マンチカンなど一部の純血種にも三毛は存在しますが、よく見かけるのは雑種(ミックス)。三毛の出方が同じ子は1匹としていません。というのも、1つ1つの細胞で毛色の出方がランダムになり、たとえ同じ遺伝子を持っていても、成長してみないとどんな柄になるかわからないのです。

トビ三毛

三毛猫の中でも、白色が圧倒的に多い猫のことをこう呼びます。

頭の上にほんの少しだけ黒と茶色のポイントがある子も。
猫の毛は上からソースをたらしたように色がついていく。そのため耳の周辺や頭頂部、背中からしっぽにかけて色が出て、お腹や足には色がつかない。

白×茶×キジ

黒毛の代わりにアグチ毛を持つ三毛猫です。顕性のA（アグチ）遺伝子を持つと黒毛ではなくアグチ毛があらわれます。

毛色遺伝子

1本1本の毛	白毛、茶毛、アグチ毛	
毛色関連遺伝子	w^sw^s、w^sw^+	白毛が混じる
	Oo	茶毛が混じる
	A-	アグチ毛があらわれる
	B-	正常に黒色をつくる
	C-	全身に色がつく
	D-	濃い毛色
	Ti^+Ti^+かつT^m-	縞模様
	ii	被毛に影響しない

パステル三毛

カラー配分は三毛猫同様ですが、全体的に色合いが薄い毛色を持ちます。

洋猫の雰囲気を持つ
ことが多い。
薄い毛色は潜性のD（ダイリュート）遺伝子の働きによるもので、茶色に影響するとクリーム色に、黒色に影響するとブルー（グレー）になる。

毛色遺伝子（白、キジ、茶のパステル）

1本1本の毛	白毛、薄い茶毛、薄いアグチ毛	
毛色関連遺伝子	w^sw^s、w^sw^+	白毛が混じる
	Oo	茶毛が混じる
	A-	アグチ毛が混じる
	B-	正常に黒色をつくる
	C-	全身に色がつく
	dd	色が薄く（明るく）見える
	Ti^+Ti^+かつT^m-	縞模様
	ii	被毛に影響しない

二毛猫

茶と黒の２色の被毛

茶と黒（キジ）の2色で構成される被毛を持ちます。三毛猫同様ほとんどがメスといわれていて、「気まぐれ」な「ツンデレ」さんが多いようです。

しっぽ

体とほぼ同じ色柄だが、麦わら猫（P72）は縞模様が濃く出ることも。

（P72）

からだ

被毛は黒（あるいはアグチ毛）と茶色が複雑に混じり合っている。

活動性（ハツラツ度）		★★★☆☆
愛着と分離（飼い主スキスキ度）		★★★☆☆
攻撃性（オラオラ度）		★★★★☆
社交性	（猫どうし）	★★★★☆
	（知らない人）	★★★★☆

瞳

メラニンが多いため、ゴールドが多い。

鼻

黒に少々ピンクが混じったまだら模様。

毛色遺伝子

1本1本の毛	茶毛、黒毛	
毛色関連遺伝子	w^+w^+	被毛に影響しない
	Oo	茶毛が混じる
	aa	黒毛が混じる
	B-	正常に黒色をつくる
	C-	全身に色がつく
	D-	濃い毛色
	Ti^+Ti^+かつT^m-	縞模様
	ii	被毛に影響しない

肉球

メラニンが多いため、黒が多い。

歴史・被毛

茶と黒の2色が独特の色合いを醸す猫

「二毛猫」とはあまり聞きなれない言葉かもしれません。三毛猫が3色の毛を持つのと同様に、茶と黒（もしくはキジ）2色の毛を持つ猫を二毛猫と呼びます。

茶と黒の色合いから、「サビ（錆）」猫の名前で広く知られていますが、英語では「トーティシェル（亀の甲羅）」と呼ばれ、美しい色彩にたとえられています。日本でも同じ意味で「べっ甲猫」と呼ばれることがあります。

サビ猫の中でよく見かけるのは、黒と茶が全体的に入り混じった配色ですが、まだ

名前で印象が変わる

べっ甲
ウミガメの甲羅を加工してつくったものをべっ甲という。半透明の茶色の中に黒のまだらが混じった色をしている。昔から工芸品に使われてきた。日本には飛鳥時代に伝来している。
名前の由来
サビねこの名称は、金属などにつく錆に由来する。日本では江戸時代に鋳造技術が発達し、金属加工品が身近なものになっていったといわれる。

日本では古くから存在する猫で、「雑巾猫」などとも呼ばれていた。その名称から、日本では飼い猫としてはマイナーな模様だったが、海外では美しい毛色として人気だった。性格がおとなしく、あまりやんちゃをしない賢さもあわせもっているため、飼い猫に迎えたい人が増えている。

ら模様の子もいます。ここにD（ダイリュート）遺伝子の潜性ペアが加わると色が薄まり、パステルカラーのサビ猫になります。

性格・健康

三毛猫そっくりの女王様気質

サビ猫と三毛猫の違いは遺伝子的に見ると、白毛があるかないかだけ。黒毛（あるいはアグチ毛）と茶毛を同時に持つ特性は三毛猫と同じです。そのためサビ猫も三毛猫同様、ほぼメスしか生まれません（P64）。

性格的にも、猫らしく気まぐれでツンデレなところがあるようで、三毛との類似点が多いです。

白毛がないのはW遺伝子の違い

二毛猫の遺伝子

w^+w^+　白毛なし
Oo　茶毛あり
aa(A-)　黒毛（アグチ毛）あり

三毛猫の遺伝子

w^sw^s、w^sw^+　白毛あり
Oo　茶毛あり
aa(A-)　黒毛（アグチ毛）あり

三毛猫のW遺伝子型がw^sw^s（またはw^sw^+）なのに対し、二毛猫はw^+w^+を持つ。そのため、白毛があらわれない。

二毛猫ファミリー！

2色の比率で大きく印象が変わるのがサビ猫。茶毛が多めで全身が赤っぽいと「赤サビ」、黒毛が多めだと「黒サビ」、パステルカラーの毛だと「灰サビ」と呼ばれます。ここに縞模様が入ると特徴的な呼び名「麦わら猫」に変わります。

麦わら猫

赤サビ猫と似通った印象がありますが、違いは、体全体に縞模様があらわれること。赤っぽいキジトラにも見えます。

毛色遺伝子

1本1本の毛	茶毛、アグチ毛	
毛色関連遺伝子	w^+w^+	被毛に影響しない
	Oo	茶毛が混じる
	A-	アグチ毛が混じる
	B-	正常に黒色をつくる
	C-	全身に色がつく
	D-	濃い毛色
	Ti^+Ti^+かつT^m-	縞模様
	ii	被毛に影響しない

英語ではブラウンパッチドタビーとも、トービー（トーティ［サビ］＋タビー［縞］）とも呼ばれる。

Part3

純血種

父猫・母猫ともに同品種で、成猫になったときの
体格や性格の予測がしやすい純血種［※］の猫たち。
それぞれが持つ唯一無二の個性は、
大事に守られてきた血統の証です。

※各猫種はさまざまな認定団体によって定められ、そこで規定された形質は「スタンダード」と呼ばれる。

アメリカンショートヘア

毛の色がさまざまで
縞柄も多様な短毛種

しっかりした体格と愛嬌のある丸顔で世界中で人気の高い歴史ある猫種。「天真爛漫」で「フレンドリー」なよき相棒です。

しっぽ ちょっと長めで太めの先細りが特徴。

鼻 茶色〜ピンクをしている。黒い縁取りがある。

被毛 毛は短いが、アンダーコート（P95）があるため厚く、ややかためな手触り。

からだ セミコビー（P109）のしっかりした体格。下半身ががっしりしている。

活動性（ハツラツ度）		★★★★★
愛着と分離（飼い主スキスキ度）		★★★★☆
攻撃性（オラオラ度）		★☆☆☆☆
社交性	（猫どうし）	★★★★★
	（知らない人）	★★★★☆

＊図はアメリカンショートヘアの中でも代表的なシルバークラシックタビーという毛色。

耳
先端に丸みのある中くらいのサイズ。ちょっと離れてついている。

おでこのM字
渦巻き縞の猫も縞柄の猫と同様に、おでこにM字があらわれる。

クレオパトラライン
目尻から頭の横まですっと流れている黒いライン。キリリとした印象。

瞳
丸よりはアーモンド形に近い。比較的大きめ。スタンダードなシルバークラシックタビーはグリーンやブルーの瞳が多いが、イエローやカッパーの瞳を持つ子もいる。

口
頬の横側（ジャウル）がぷっくりしている。特にオスでは顕著。

あし
太すぎず細すぎずの筋肉質。意外と短め。

肉球
黒や黒褐色が多い。毛の黒メラニンが多いのでこの色になる。

歴史

アメリカの始まりから人と歩んできた猫

17世紀、イギリスからアメリカへ入植する人々を運ぶメイフラワー号に、ネズミ退治のために乗せられた猫たちが、アメリカンショートヘアの祖先といわれています。その後、農場などでワーキングキャットとして人と共生してきました。品種として確立したのは20世紀になってから。

日本では「アメショ」、「アメショー」という略称でもほとんど通じるほど、有名な猫種として知られます。

丸顔で愛嬌のある顔立ちが人気の理由の一つです。

被毛

シルバータビーだけじゃない毛色柄のいろいろ

アメショの柄はシルバークラシックタビーが代表的ですが、縞の模様を決めるT(タビー)遺伝子(P26)の野生型はマッカレルタビー(キジトラなどの縦縞)。クラシックタビーは突然変異で生まれたものなのです。両横腹に入る左右対称の太めの渦巻き模様はブロッチドタビーともいわれますが、その名の通りブロッチ(不規則な斑点)なタビー(縞模様)を意味します。

毛の色と柄のバリエーションがとても多いのもアメリカンショートヘアならではで、その種類は80以上ともいわれています。

アメショの毛色いろいろ

ブラウン、レッド、ブルー、ブラック、クリームなどあらゆるカラーが存在し、ホワイトとのバイカラーやポインテッド、さらに単色の個体も。

柄
クラシックタビーの縞模様を持たない子もいる。

タビーとは縞。種類は３つ

①ブロッチドタビー
（渦巻き柄、クラシックタビー）

②マッカレルタビー
（縦縞柄 ）

③ティックドタビー
（アビシニアン柄）

縞柄には、アメショなどに代表されるブロッチドタビー、日本猫のキジトラなどに代表されるマッカレルタビーがあり、T遺伝子の組み合わせによって決まる。見た目に縞はないが、同じT遺伝子によってあらわれるものに、アビシニアンなどのティックドタビー（P138）がある。

性格

天真爛漫なキャラクター

アメリカンショートヘアの性格といえば、とにかくフレンドリー［※1］。人間とも猫とも、犬とだって仲良くできます。陽気で元気、天真爛漫という言葉がぴったりの猫です。ある研究［※2］では、友好性と遊び好きさの数値が調査した純血種11種の中で一番高いという結果も。ただ、甘えっ子というより、飼い主さんと仲良しといったほうがしっくりくるかもしれません。

環境への適応性も高いため、大家族から単身世帯までどんな家族構成にもなじみやすいです。

人との歩み

大航海時代の17世紀
ネズミなどの害獣を駆除するワーキングキャットだった。
現在
人との歴史の中でつちかったフレンドリーな性格で人気の猫に。

純血種として登録されたのは1960年代。人と共にアメリカへやってきて300年以上経ってからだった。

※1 過剰なスキンシップや抱っこが苦手な子もいるので注意。
※2 Takeuchi, Y., & Mori, Y. (2009). Behavioral profiles of feline breeds in Japan. Journal of Veterinary Medical Science, 71(8), 1053-1057.

健康

太っちょさんにご用心

アメリカンショートヘアは、品種として確立する以前に多くの猫との交雑があったことで、遺伝的疾患が比較的少なく、丈夫な体を持っています。平均寿命15歳と、純血種の中では長生きする傾向に。ただ、ワクチン誘発性線維肉腫（ワクチンの注射痕が腫瘍化する）や肥大型心筋症［※3］になりやすいといわれています。また、食いしん坊で活動的な性格ゆえ、運動量が足りないと肥満になり、それが糖尿病や関節炎などにつながってしまう場合があるので気をつけましょう。

純血種の中では、健康な種

病気
遺伝子的疾患が少ない。

純血種は特徴的な見た目になるように人がつくりだしたため、種によっては遺伝子的疾患を持っていることもある（P91）。その点、アメリカンショートヘアは、アメリカに定着した野良猫が祖先でいろいろな品種の血を引くため、遺伝子が多様で疾患が出にくい。そのため、平均寿命も長いと考えられる。

平均寿命が長い
純血種の平均寿命は13歳といわれるのに対し、アメリカンショートヘアは15歳。

※3 遺伝性と考えられているが、完全には原因がわかっておらず予防はできない。事前の発見も難しいため、咳や運動量の低下など気になる症状が出てきたら、かかりつけ獣医に相談を。

世界三大ブルーキャット
の1つ

ロシアンブルー

ベルベットのようなブルーの被毛に誰もがうっとり。「神経質」で他人にはなつきにくいですが、飼い主さんとは蜜月関係を築きます。

しっぽ 長くてしなやかに先が細くなっている。子猫時代はまれに薄い縞模様（ゴーストマーキング）が出る場合も。

からだ 骨格は細く、すらりと長い。ほどよく筋肉があり、しなやかな体格。

活動性（ハツラツ度）	★★★☆☆
愛着と分離（飼い主スキスキ度）	★★★★★
攻撃性（オラオラ度）	★★☆☆☆
社交性（猫どうし）	★☆☆☆☆
社交性（知らない人）	☆☆☆☆☆

頭
逆三角形の小さな頭。ヘビが下を向いたような形をしていることから通称「コブラヘッド」。

耳
大きな三角形。左右離れている。顔との好バランスも魅力。

瞳
大きな目はラウンドアーモンド形、色は鮮やかなグリーンであることがスタンダード。

鼻
幅が広く、しっかりした鼻筋が特徴的。色はグレー。

口 
口角が上がった口元は、笑っているように見え「ロシアンスマイル」と呼ばれる。ひげは黒。

あし
長くてしなやかなきゃしゃな足。

肉球 
あずき色。足先は小さくて丸く、すらっとしたシルエットを支えている。

被毛
柔らかな毛質は、ベルベットと形容されるほどになめらか。短毛ながら寒冷地出身ならではのしっかりしたダブルコート（P95）で、冬毛の季節にはぐっと毛量が増え、骨格よりひと回り大きく見えることも。

歴史・被毛

美しい毛色はD遺伝子の仕業

ロシアンブルーのルーツは、ロシア北西部のアルハンゲリスクにあるといわれます。ブルー（グレー）の美しい被毛やスリムで気品あふれる姿は、ロシアや英国の貴族に愛され、20世紀初頭には英国で品種登録されました。

特徴はなんといっても毛色。ブルーのソリッド(単色)で、シャルトリュー、コラットと共に世界三大ブルーキャットと呼ばれます。このブルーは、潜性のD（ダイリュート）遺伝子の毛色を薄くする作用によるもの［※］。日本の雑種（ミックス）ではほとんど見かけない色です。

潜性のD遺伝子(変異型)で毛色が薄くなる仕組み

①色素をつくる細胞でメラニンがつくられる。

②細胞でつくられたメラニンが毛先や皮膚へと運ばれていく。潜性のD遺伝子（変異型）の影響で運送に障害が出て、かたよって行きわたる。

③不均一な色素は肉眼ではブルーに見える。

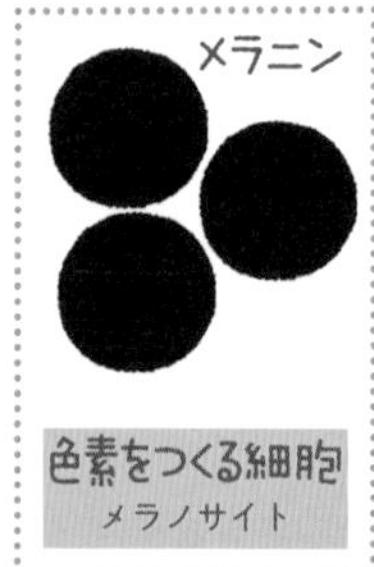

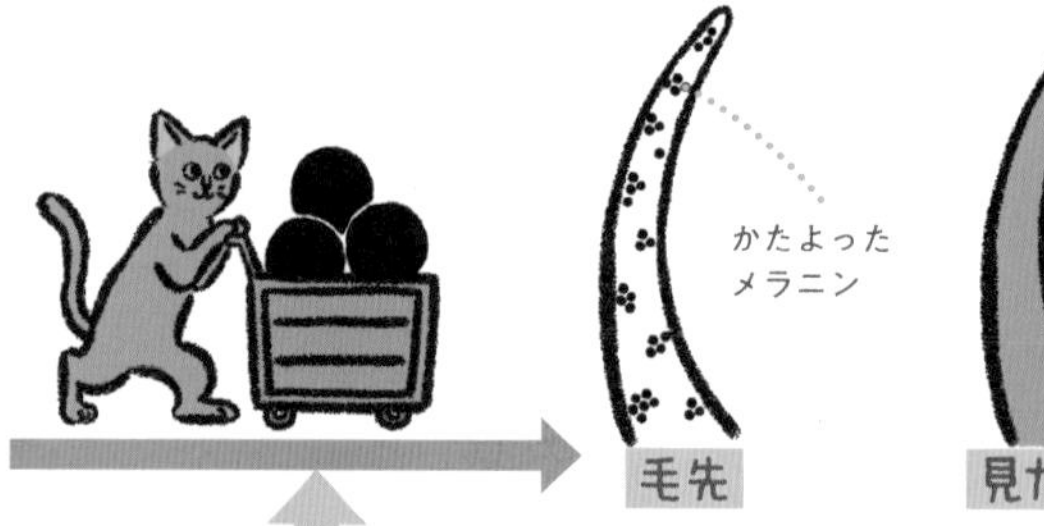

※D遺伝子の潜性であるdをペアで持っていると、色素が全身へ正常に運ばれなくなる。

小顔なロシアンブルー

ユーモラス

「ころんとした丸顔」
アメリカンショートヘア、ブリティッシュショートヘア、ペルシャなど

凜々しい

「大型の猫に多い四角顔」
ノルウェージャンフォレストキャット、メインクーンなど

ロシアンブルーはココ

シュッとしている

「小顔で逆三角形」
ロシアンブルー、ベンガル、シャム（サイアミーズ）など

猫の顔の形は、上の3つに大別される。ロシアンブルーは逆三角形ともくさび形（V形）ともいわれる形をした小さな顔。高貴で洗練された印象を与える。

性格

気難しいけれど、飼い主さんには最高の恋人！

美しい被毛にスレンダーなボディ、逆三角形の小さな顔を持つロシアンブルー。その性格は、ずばり「繊細な恋人」といったところ。飼い主さんには全幅の信頼を寄せ、徹底的に甘えます。ベッタリと甘える様子から、「犬っぽい」とさえいわれることも。反対に他人は大の苦手です。神経質で警戒心が強いため、急な来客などがあった場合にすぐに隠れられる場所が必要です。

繊細ゆえに環境の変化にも弱いので、模様替えや引っ越しも慎重に。家族が増えたり、新たに猫を迎え入れたりするときにも、なるべくストレスにならないよう配慮しましょう。ストレスがたまりすぎると、凶暴化するということも報告されています。

「飼いにくい」ともいわれるロシアンブルーですが、一度信頼関係を築けば蜜月が続くので、最高の相棒となりえます。

また、「ボイスレスキャット」という異名を持つほどあまり鳴かないことから、マンションなど集合住宅での飼育にも向いています。

健康

健康な体を持ち アレルゲンも少ない

ロシアンブルーは敏捷性が高く遊び好きです。それゆえオモチャや、キャットタワ

サイレントキャット

とても小さい鳴き声

ボイスレスキャットと呼ばれることも。

19世紀後半、キャットショーに出始めた頃は、イエローの瞳のロシアンブルーもいた。現在では美しいグリーンだけがスタンダードなカラー。

飼い主さん大好き

二面性のある性格

神経質だけど飼い主さんにだけ甘えん坊。

ブルー以外のホワイトやブラックの被毛に生まれることもあり、団体によっては「ロシアンショートヘア」として公認されている。

猫アレルギーでも飼いやすい？

ほかにアレルゲンの生成量が少ない種として、サイベリアン、バリニーズ、コーニッシュレックス、スフィンクスなどがいる。

ーなどで運動環境を整えてあげることも大切です。

遺伝性疾患やかかりやすい病気などは報告されていませんが、フードの好き嫌いが激しい子が多いので、幼い頃からいろいろなフードを食べさせ、体重管理を行うことが必須です。

ロシアンブルーは猫アレルギーが出にくいとされている品種でもあります。猫アレルギーの原因物質（アレルゲン）である糖タンパクFel d1がほかの猫種に比べて少ないということが現在わかっています。アレルゲンはフケや唾液などに含まれ、グルーミングによって猫の全身に広がるので、ブラッシングやシャンプーによって減らすこともできます［※］。

※現在、アレルゲンを低下させる突然変異の遺伝子の研究などが進められているが、その信憑性については疑問の声もある。

愛嬌たっぷりの
折れた耳が特徴

スコティッシュフォールド

どこもかしこも丸みを帯びたかわいらしいビジュアル。性格的にも「穏やか」で「友好的」なので誰とでも楽しく暮らせます。

被毛 柔らかく密度の高い被毛がぎっしり。あらゆる猫種の毛の色と柄をすべて持っているといっても過言ではない。

しっぽ ほどよく長めで先に丸みがある。

からだ 丸みを帯びたがっしり型（セミコビー）。

活動性（ハツラツ度）	★★★☆☆
愛着と分離（飼い主スキスキ度）	★★★★☆
攻撃性（オラオラ度）	★☆☆☆☆
社交性（猫どうし）	★★★★★
社交性（知らない人）	★★★☆☆

耳

左右離れ気味についていて、折れ耳具合で3段階の呼び名がある。

シングルフォールド　ダブルフォールド　トリプルフォールド

あたま

どの角度から見ても丸みがある。

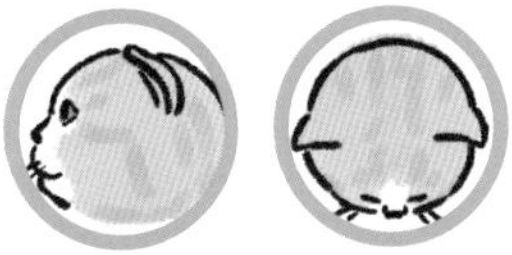

横顔　後頭部

瞳

大きく丸い。カラーは被毛の色によってさまざま。

鼻

色は被毛によってさまざま。

口

ウィスカーパッド（ひげ袋）に丸みがあり、あごも豊か。

あし

ちょっと短めだが、極端に短いわけでなく、胴体とのバランスがとれた長さ。足先に丸みがある。

肉球

肉球のカラーは被毛の色によってさまざま。皮膚の色は毛と同じメラニンの量やバランスで決まる。

歴史

かわいい折れ耳は突然変異!?

始まりは1961年のスコットランド。ある農村の納屋に、美しい長毛の白猫がいました。後にスージーと名付けられるその猫は、突然変異により両耳が前方に折れ曲がっていたといいます。やがて彼女が産んだ子猫の中に同じく折れ耳の子がいたことから、その耳の形状が遺伝形質によるものであることが認められ、そこから計画的に繁殖されるようになりました。

スコティッシュフォールド（フォールドは折れの意）という名で登録されたのは1994年。非常に新しい品種なのです。

被毛

スージーから受け継ぐ遺伝子

短毛のほか、長毛（セミロング）の子が存在しますが、それらは祖先であるスージーから受け継がれた長毛の遺伝子といわれています。毛の色と柄は実にさまざま。あらゆる猫種の色柄をすべて持っているといっても過言ではありません。どの個体も丸みを帯びた顔・体つきをしています。

特徴的な折れ耳は完全な顕性遺伝ではありません。生まれたときはみな立ち耳。そのまま成長する子もいます。折れ耳になる確率は30％程度。立ち耳の場合、スコティッシュストレートと名前が変わります。

猫の耳の形は３種類

ブリックともいう。
一般的な猫の耳の形。

前方に折れ曲がった耳で、折れ曲がり具合によってルースフォールド、フォールドがある。

後方に巻きあがった耳。
カールともいう。

スコティッシュフォールドの折れ耳は品種特有のもの。巻き耳はアメリカンカールに見られる形。

左右の耳が離れている（寄っている）、耳の付け根が広いなど、品種によっては耳の位置に特徴があるものも。

完全に折れ耳になる確率は 30％前後

折れ耳にかかわる遺伝子は「不完全顕性」という性質を持っている。このため、折れ耳にもさまざまな度合いがあり中途半端に耳が折れている子も（P87）。30％という数字は、完全な折れ耳のスコティッシュフォールドのみを数えたもの。

立ち耳
耳のサイズは中くらいから小さめ。

折れ耳
生後３週間前後から耳が前に折れ始める。

スコティッシュストレート
折れ耳でないことをのぞけば、スコティッシュフォールドと同じように全身に丸みがある。

スコ座り
スコティッシュフォールドに多い特徴的な座り方。

性格

穏やかでフレンドリー、とても飼いやすい猫

穏やかで人懐っこいといわれるスコティッシュフォールドは、とても飼いやすいと評判です。毛の長さで性格を比較すると長毛のほうによりツンデレ傾向があるそうですから、祖先のスージーもきっと気高い猫だったのでしょう。

フレンドリーなだけでなく遊び好きの子が多く、ほかの猫や子供とも仲良くできます。鳴き声が小さいので集合住宅での飼育にも向いています。運動量がほかの品種に比べて少ないため、おとなしいと感じる飼い主さんも多いようです。

健康

愛嬌たっぷりスコ座りのせつない事情

特有の折れ耳は、親からの顕性遺伝で受け継いだ骨軟骨形成異常によるものです。それがさまざまな疾患の原因になり、特に関節炎が発症しやすいのが特徴です。発症率はほかの猫種の実に2.5倍に及び、さらにメスはオスの1.5倍。遺伝的に骨が丈夫ではないので、できれば床はフローリングではなく、カーペット敷きなどが望ましいです。

また、折れ耳ゆえに耳の中が蒸れやすいため、外耳炎を発症することも少なくないようです。日頃から汚れやニオイなどがないか、こまめにチェックしましょう。

骨軟骨形成異常と純血種

品種に特有の見た目が軟骨の異常からくるものも[※]。
そんな上記の猫たちは、関節炎になることが多い。

足腰に優しい環境

床の工夫
すべりやすい床には、マットやラグを敷く。
負担の軽減
遊ぶときは、足腰に負担がかからないクッションやソファー、ベッドの上で。

運動不足になりがちなので肥満に注意。
太りすぎは足腰の負担になる。

※昨今、ヨーロッパを中心にスコティッシュフォールドの繁殖と販売禁止に向けての動きが活発化している。イギリスのGCCF（血統登録団体）では1970年代から品種登録を認めておらず、ベルギーでは2021年から禁止されている。

ボリューミーな
ふわふわ長毛

ノルウェージャンフォレストキャット

極寒の森を生き抜くための大きな骨格と、厚みのあるふさふさの被毛を持ちます。たくましくも「遊び好き」で「やさしい」猫です。

しっぽ 体と同じぐらいか、それ以上の長さ。先細りで、被毛はたっぷりふさふさ。

からだ 胸部がしっかりしていて大きくたくましい体つき。

被毛 被毛は厚みがある下毛と、水を弾く上毛のダブルコート（P95）。毛色と柄はさまざま。

活動性（ハツラツ度）		★★★★☆
愛着と分離（飼い主スキスキ度）		★★★★☆
攻撃性（オラオラ度）		★☆☆☆☆
社交性	（猫どうし）	★★★★☆
	（知らない人）	★★★☆☆

あたま

両耳とあごを結ぶと、きれいな正三角形に近くなる。

耳

前にかたむき気味で猫種の中でも大きい。リンクスティップス（耳の先の長い毛）が生えていることも。

瞳

アーモンド形で大きい。カラーは毛色に準ずる。

鼻

色は被毛によってさまざま。鼻筋がまっすぐ通っている。

口

丸みを帯びたあごと、整った口元。

あし

後ろ足は前足より長く腰高。

肉球

足先が丸くて大きい。肉球の間にたっぷり生えている毛（タフト）は、雪の上を歩くときのためといわれる。肉球の色は被毛によってさまざま。

歴史

北欧神話やバイキングにゆかりがある猫

森の優れたハンターを祖先に持つノルウェージャンフォレストキャットは、その名の通り北欧ノルウェーの大自然に育まれた猫です。起源は古く、バイキングの船に乗り世界を旅したともいわれています。

体は大きめで、中にはオスで9キロ、メスでも7キロになる子も。その大きさゆえ大体の猫が生後1〜2年で成猫になるのに対し、ノルウェージャンフォレストキャットは3〜5年かかるといわれます。ゆっくりと成長していく姿を愛でられるのも、飼い主冥利に尽きることかもしれません。

大きいしっかりとした体つき

中型の猫

ノルウェージャンフォレストキャット

サイズ
中型の猫は体重3〜5キロなので、ノルウェージャンフォレストキャットは2倍近くの大きさ。

3〜5キロ

7〜9キロ

北欧神話の中で、重くて神が持ち上げられなかった猫がノルウェージャンフォレストキャットだといわれている。

被毛

優美で勇ましい極寒地仕様

大きな体にふさふさの毛をまとうその姿は優美で、端正な顔立ちも相まって高貴な印象すら与えますが、その実は、たくましさにあふれた猫。しっかりとした骨格と分厚い被毛によって極寒の地でも生きられるのです。

密に生えた毛は、細く柔らかなアンダーコートと、皮脂でコーティングされた防水性の高いオーバーコートの二重構造。肉球からはみ出したタフト（毛束）や、ゴージャスな襟巻きのような首まわりの毛も、やはり寒さから身を守るためのものです。

ふわふわの秘密は毛の二重構造

ダブルコート

ノルウェージャンフォレストキャット、ラグドール、ロシアンブルーなど

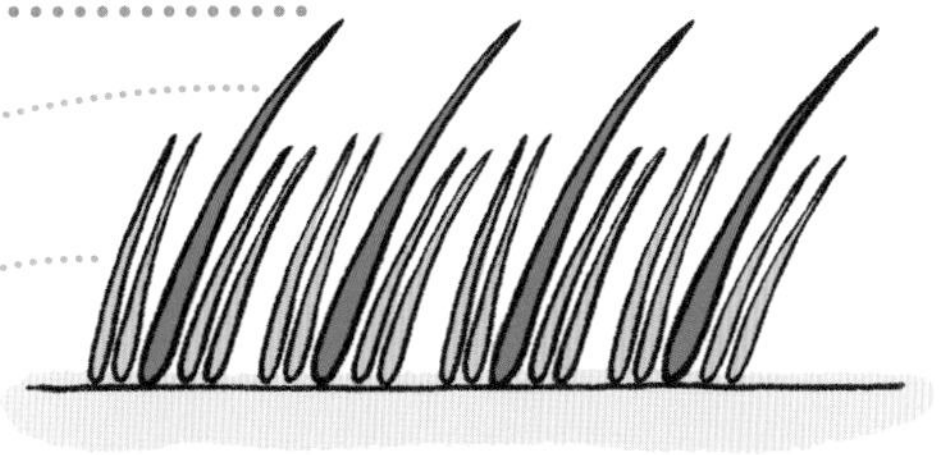

オーバーコート
上毛

アンダーコート
下毛

シングルコート

ベンガル、シャム、シンガプーラ

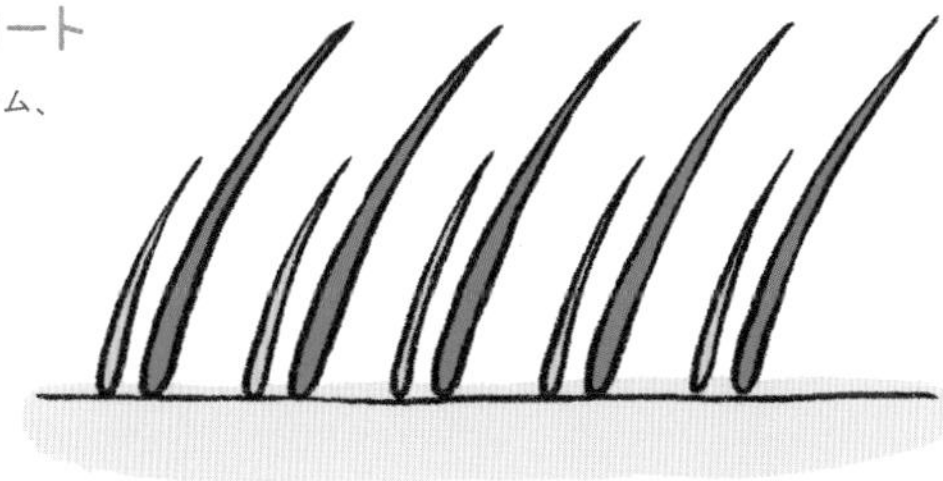

シングルコートの猫もオーバーコートとアンダーコートの両方が生えているが、アンダーコートの量が非常に少ない。アンダーコートは換毛期に大半が生え変わるため、ダブルコートの猫は抜け毛が多く感じる。

性格

優しく強く、遊ぶことが大好きな最高の友達！

ノルウェージャンフォレストキャットは賢く、優しい猫といわれています。気分のムラが少なく穏やかで、猫とも人間とも仲良くできるので、子供のいる家庭はもちろん、はじめて猫を飼う人にも絶好でしょう。信頼関係を築いた飼い主さんには、とことん甘える一面も。

長毛種の割に動きは活発です。ルーツがノルウェーの森にあるので、木登りや狩りが得意なアウトドア派なのです。キャットタワーや本棚の上など、高所に猫が落ち着けるスペースを用意するといいでしょう。

健康

長い毛には、細かいお手入れが大切

健康面に関しては、基本的には丈夫だという声が多いです。ただ、体格が大きい分骨や関節に負荷がかかるので、肥満は大敵。体重管理をしっかり行う必要があります。

また、長毛種はこまめなグルーミングも大事です。毛玉ができやすいので毎日のブラッシングは必須。特にこの品種はオーバーコートに皮脂が多いため汚れやすく、定期的なシャンプーも推奨されています。汚れが溜まると皮膚炎を起こすこともありますから、常に清潔を保つことを意識しましょう。

ファーストキャットにぴったり

性格
賢く、優しいので初めて迎える猫にも。

一般的に長毛種はのんびり屋だといわれるのに対し、ノルウェージャンフォレストキャットは比較的活発。特に子猫のときは、一緒に遊べる環境が好ましい。

清潔に保つお手入れ方法

ブラッシング
毛玉ができやすいので1日1回がおすすめ。春・秋の換毛期には1日2回に。

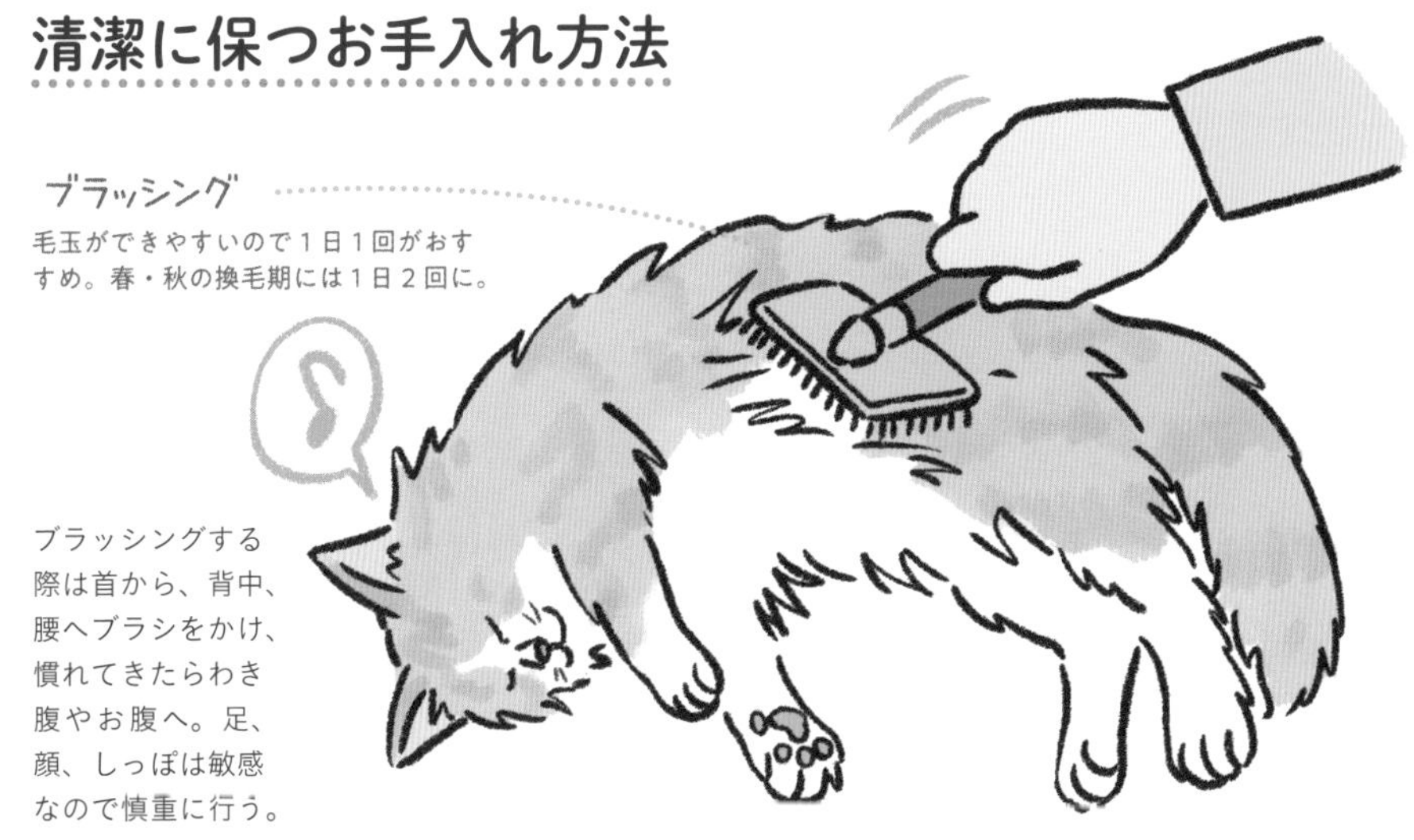

ブラッシングする際は首から、背中、腰へブラシをかけ、慣れてきたらわき腹やお腹へ。足、顔、しっぽは敏感なので慎重に行う。

短毛も長毛も
毛色はバリエーション豊富

マンチカン

短足の代名詞のようでいて、
実は足の長い子もたくさんいます。
「好奇心旺盛」で「フレンドリー」な猫です。

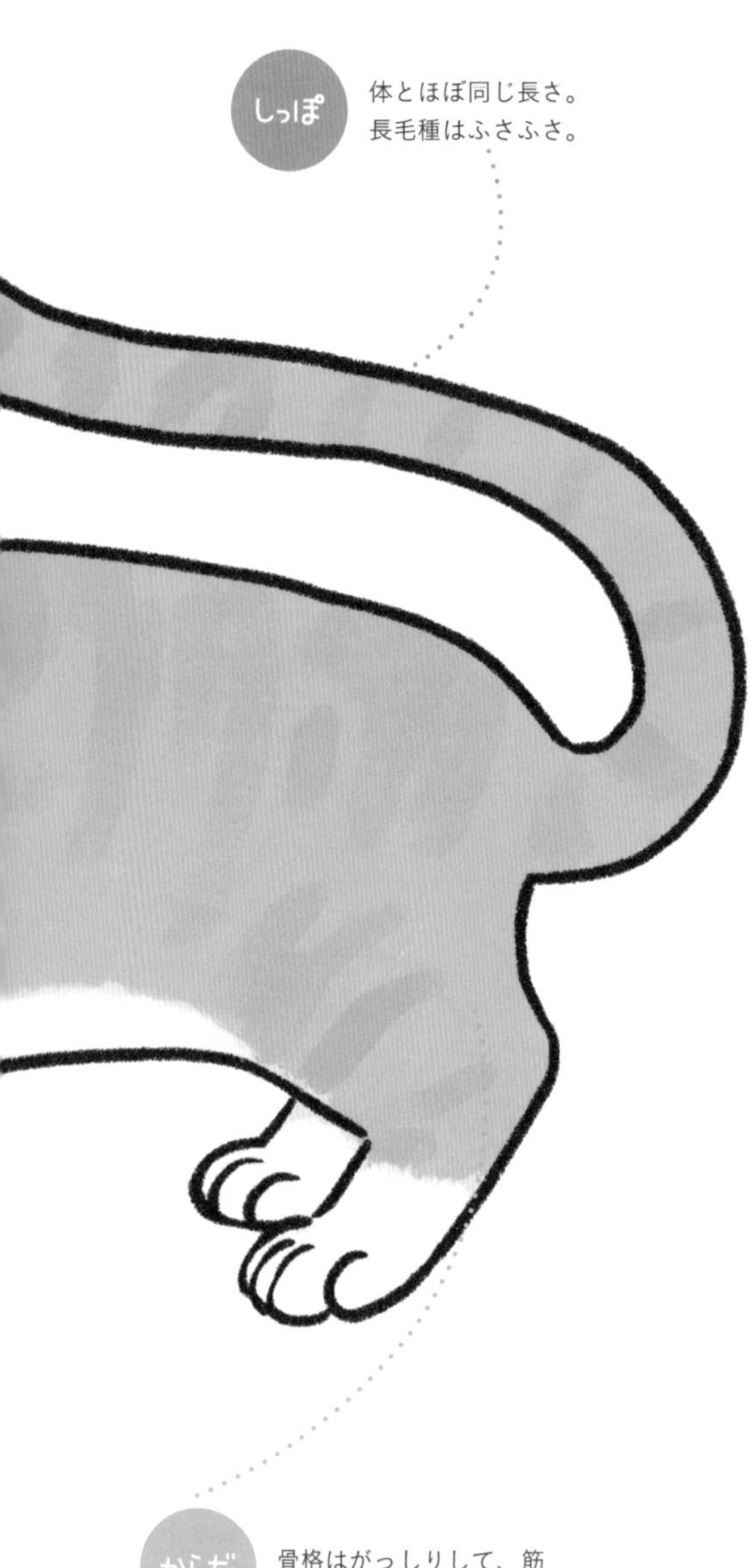

しっぽ 体とほぼ同じ長さ。長毛種はふさふさ。

からだ 骨格はがっしりして、筋肉質で体に厚みがある。

活動性（ハツラツ度）		★★★★★
愛着と分離（飼い主スキスキ度）		★★★★☆
攻撃性（オラオラ度）		☆☆☆☆☆
社交性	（猫どうし）	★★★★★
	（知らない人）	★★★★☆

あたま
丸みを帯びていて、体に対してはちょっと大きめ。

耳 
先端に丸みのある三角形をしている。

瞳
丸く、左右は離れ気味。カラーは被毛の色によってさまざま。

鼻
色は被毛によってさまざま。

口 
ウィスカーパッド（ひげ袋）に丸みがあり、あごはしっかりした形。

あし
足先は丸くて小さめ。

肉球
カラーは被毛の色によってさまざま。

被毛
アンダーコートの量は中程度で、手触りはすべすべで柔らかい。毛の長さは個体による。

歴史

短足のマンチカンは実は希少種

四肢の短い猫は、1940年代にイギリスで最初に発見されました。突然変異といわれています。その後、ロシアやアメリカでも報告されましたが、本格的に繁殖が始まったのは1980年代に入ってからのこと。

品種名は映画『オズの魔法使い』の中に登場する小人（英語でマンチキン）からつけられたといいます。

短足でヨチヨチ歩く姿が愛らしいマンチカンですが、実は一般的な猫と同じ長足の個体もたくさんいます。これは、両親ともに短足だと死産が多く、倫理的な観点から短足猫と長足猫を交配させることが多いからです。

短足の子が生まれる確率は2割とも5割ともいわれ、その他は一般的な長さか、少し短めの中足。つまり、マンチカンは3タイプ存在するのです。

被毛

毛のバリエーションが豊富！

被毛は短毛と長毛（セミロング）。品種認定されるまでさまざまな交配を重ねてきたことから、色や柄も多彩。同じ模様は存在しないといわれているほどです。ただし単色の子はほぼ見かけることはありません。

見た目もバラバラ マンチカン

長足

マンチカンという品種の猫は、足の長さだけでなく毛の長さや色・柄と見た目に数限りないバリエーションがある。瞳や肉球の色も毛色に準ずるため、世界でただ1匹のマンチカンに出会えるというのも、人気の秘密なのかもしれない。

中足

足の長さで分類

短足、中足、長足の子がいる。一般的に猫は前足より後ろ足が長いが、短足の子は前足と後ろ足の長さがほぼ同じ。

短足

性格・健康

好奇心旺盛で遊び好き、みんなと仲良し！

マンチカンは概ね陽気で人見知りもしないので、ひとり暮らしでも大家族でも、小さな子供やほかの猫がいても基本的には問題なし。迎え入れてすぐに、かけがえのない家族の一員となってくれるでしょう。もちろん来客の多い家でも大丈夫！

ただ、短足の子も筋力はほかの猫と変わりません。むしろ安定感は抜群ですから、速く力強く走り、高くジャンプしようとします。好奇心旺盛で遊ぶことも大好きな甘えん坊なので、飼い主さんとの毎日のコミュニケーションは欠かせません。上下運

賑やかな環境でも大丈夫！

走り回るのが大好きなので、集合住宅で飼う場合は近所迷惑になる場合も。フロアマットなどを敷いて足音を抑える工夫を。

動がかなう突っ張り式のキャットタワーなども運動不足にならないためには有効です。走り回っても支障がないように、家を片付けておくなど、環境づくりも考えたいところですね。

また、特に短足タイプのマンチカンは肥満にならないように注意してください。ちょっと太っただけでも腰に過度な負担がかかることになるからです。腰のダメージは歩行機能に直結します。そして最悪の場合、椎間板ヘルニアを発症することもあるのです。

ただでさえ動くことが好きな猫ですから、いつまでも楽しく元気に過ごせるよう、食事と運動の管理をしっかりとしてあげましょう。

太りすぎは足腰に負担！

病気

体重が増えすぎると、足腰に負担がかかり椎間板ヘルニアの原因に。

椎間板ヘルニアのほかに気をつけたいマンチカンの病気に「骨軟骨異形成症(P91)」がある。足の関節に痛みを伴うコブができるが、遺伝性の病気なので決定的な予防策はないとされる。

ポイントカラーの
淡い色の長毛が特徴

ラグドール

ぬいぐるみを意味するその名に恥じないほどの抱っこ好き。性格も「おだやか」で「忍耐強い」ため、子供からお年寄りまでみんなと暮らせます。

活動性（ハツラツ度）	★★☆☆☆
愛着と分離（飼い主スキスキ度）	★★★★★
攻撃性（オラオラ度）	☆☆☆☆☆
社交性（猫どうし）	★★★☆☆
社交性（知らない人）	★★★☆☆

しっぽ　体とほぼ同じ長さで先細り。毛がふさふさ。

からだ　猫の中でも最大級の骨格で、筋肉質。

被毛　アンダーコート少なめのなめらかなダブルコート (P95)。

あたま
丸みを帯びて、少し大きめ。

耳
先端に丸みのある三角形。やや前傾気味。

瞳
アーモンド形〜卵形で大きく、ややつり上がっている。色は美しいブルー。

鼻
色はピンク、ブラウン。

口
ぽってりとしたウィスカーパッド（ひげ袋）。あごがしっかりしている。

あし
適度に長く、前足にくらべ後ろ足が少し長め。

肉球 
足先は丸く大きい。肉球はピンク。肉球から毛束（タフト）がはみ出している。色は鼻と同じ場合がほとんど。

歴史

ぬいぐるみ猫、実はルーツが不明

「ラグドール」とは、英語で布製のぬいぐるみを意味する言葉。その名の通り、大きな体にふわふわの毛をまとったこの猫は、たいへん穏やかな性格で、抱っこされることが大好きです。

そのルーツについては諸説ありますが、ラグドールは突然変異や自然発生した種ではなく、人の手によって生み出された交配種です。1960年代にアメリカ・カリフォルニアのブリーダーが繁殖を試みて、そこから次第に広がっていったという説が有力なよう。ペルシャ（P122）やバーマン、

抱っこが大好き

ぬいぐるみ猫

腕の中でじっとしていて、落ち着いて抱っこさせてくれる。

大型なので、ほかの品種に比べて成長が遅く、4年ほどかけてゆっくり成猫になるといわれている。中には10キロを超えるビッグな子も。

ラグドールの柄バリエーション

ポイント

顔の中心部や手足、しっぽなどの体の末端に濃い色が入る。

ミテッド

あごやお腹、足先が白い。まるで白い絵の具の中に足先だけ入って、少し白色がついたような柄。

バイカラー

ミテッドより白毛の面積が多く、有色とホワイトの部分がはっきり分かれる。足先からお腹が白く、顔はハチワレ。さらに白い毛の範囲が多いと「バン・バイカラー」と呼ばれる。

C遺伝子の潜性には、顔面やしっぽだけ毛色が濃くなるシャムタイプ（c^{s}）(P149)、胴体にも濃い色がつくバーミーズタイプ（c^{b}）、全身の色がなくなるアルビノタイプ（c）、目が青いアルビノタイプ（c^{a}）の4つがある。ラグドールはシャムタイプの猫。

色の出方の名前

リンクス
色がついている部分が縞模様になる。

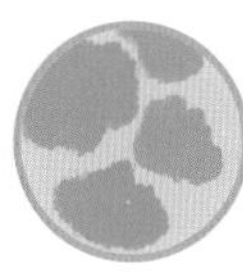

トーティ
有色の部分に2つの色が混じり合う。

バーミーズなどを交配させたと伝えられています。この時代、アメリカでは猫の異種交配が盛んで、今日知られている多くの品種が新たに生み出されました。

被毛

明るい毛色はC遺伝子の変異型によるもの

毛色は、子猫のときは全体的に白く、成長と共にバイカラーやポイント、ミテッドといった特徴が出てきます。どの模様であっても毛色が明るいラグドールですが、これは潜性のC遺伝子（変異型）の働きによるもの。潜性の種類によって、色の出方が違いますが、ラグドールは、しっぽの先など、体の一部分だけに色がつきます。

性格・健康

抱っこしたときの重みがたまらない！

抱っこすると、その身を預けてくるほどに甘えっ子のラグドール。大きな体は骨格も筋肉もしっかりしているロング＆サブスタンシャル(左頁)。ずっしりと感じますが、その重量感は飼い主さんの幸福感に比例するかもしれません。

とにかく温和で従順、猫らしい気ままなところもあまり見られず、忍耐強い猫です。激しく遊ぶことも少ないので、お年寄りや小さなお子さんとの生活にも向いているでしょう。

ただし、おとなしいとはいっても、猫の中でも最大級の体格を持つので、必要な運動量は多いのです。その大きな体を持て余すことのないよう、毎日しっかり遊んであげたり、自分で動き回れるスペースを確保してあげることが必要です。キャットタワーを設置する場合は、重い体重をしっかりと支えられるよう安定感のある低めのものを選ぶとよいでしょう。

遺伝的疾患は少ないとされていますが、ペルシャが先祖にいるとすれば肥大型心筋症（P79）のリスクがある可能性も否定できません。まずは運動や食事の管理に気をつけて、必要以上に太らせないことが大切です。また、長毛種特有の皮膚炎や毛球症などを防ぐためには、毎日のブラッシング（P97）も欠かせませんね。

温和で、活動的ではない

落ち着いた性格

激しく遊ぶ性格ではないので夫婦のみなど、穏やかな家庭環境が向いている。

必要な運動量が多い割に積極的に動こうとしない性格。飼い主が一緒に遊んだりして運動量を確保するとよい。

猫のボディタイプは６種

猫のボディタイプは、６種類に分けられる。純血種の猫は、品種ごとにスタンダードなボディタイプが決まっている。

コビー

ずんぐりむっくりした体型。手足や胴体が短く、しっぽも短め。全体に丸みを帯びている。
例：エキゾチックショートヘア、ペルシャ、バーミーズ、ヒマラヤン、マンクス

セミコビー

コビーより手足やしっぽがやや長い。体格も少しがっしりしている。
例：アメリカンショートヘア、ブリティッシュショートヘア、スコティッシュフォールド、シンガプーラ

フォーリン

細マッチョ。すらりとした体格と少しの丸みを持ち合わせている。耳が顔に対して大きい。
例：ロシアンブルー、アビシニアン＆ソマリ

セミフォーリン

コビーとオリエンタルの中間くらいの体型。
例：マンチカン

オリエンタル

一番スリムな体型。手足と胴体、しっぽが細長い。あごが小さく耳が大きい。
例：シャム（サイアミーズ）

ロング＆サブスタンシャル

ほかに比べて、段違いに体が大きい。骨太でがっしりしていて、体重が 10 キロ近くなる種も。
例：メインクーン、ノルウェージャンフォレストキャット、ラグドール

「世界一長い猫」に何度も登録される巨大猫

メインクーン

ゴージャスでふさふさの被毛を持つアメリカ最古の猫。「穏やか」で「やさしい」気質から、ジェントルジャイアントと呼ばれています。

しっぽ 体よりも長い。根元が太く先細りでふさふさ。

からだ 大型。肩と腰が同じ幅の長方形をしている。「世界一長い猫」のほか、数々のギネス記録を持っている品種。

被毛 アンダーコートはあるが量は少ない。オーバーコートには撥水性がある。不揃いな長毛は「シャギーコート」といわれる。

活動性（ハツラツ度）	★★☆☆☆
愛着と分離（飼い主スキスキ度）	★★★★★
攻撃性（オラオラ度）	★☆☆☆☆
社交性（猫どうし）	★★★★☆
社交性（知らない人）	★★★☆☆

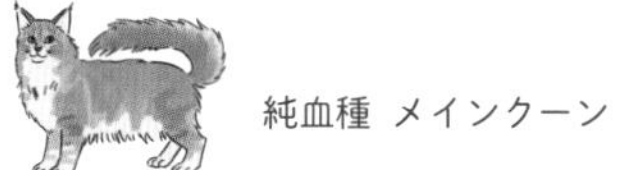

あたま
大きめで、やや縦長。

耳
大きく根元が広い。先が尖っている。

耳の先にはリンクスティップスという飾り毛がある。

瞳
大きな卵形で、左右は離れ気味。カラーは被毛によってさまざま。

鼻
毛色によってピンクやオレンジなどいろいろなカラーがある。

鼻筋にあるゆるやかなくぼみ。よく似ているノルウェージャンフォレストキャットにはこれがない。

口
マズルを横から見ると長方形なのが特徴。しっかりしたあご。

あし
筋肉質で太め。長くもなく、短くもなく、屈強。

足先は丸くて大きく、毛束（タフト）がふさふさ。肉球のカラーは被毛の色によってさまざま。

歴史

大自然を生き抜いてきた、アメリカ最古の猫

キャットショーの黎明期から活躍するメインクーンは、アメリカ最古の品種の一つです[※]。その名は「メイン州のアライグマ」を意味し、メイン州の州猫としても認定されています。

そのルーツは、メイン州土着の猫とヨーロッパからの長毛種が交配したとか、猫とアライグマとの間に生まれたとか、実にいろいろな説があります。中でも、フランス王妃マリー・アントワネットがメイン州に亡命するつもりで先に送った猫が祖先ではないか、という話は有名です。

アメリカ・メイン原産の猫

アメリカ原産の猫は多いが、州の名がつく猫はメインクーンだけ。

※アメリカ原産の古い品種は、ほかにアメリカンショートヘアなどがある。

ノルウェージャンフォレストキャットとの見分け方

大型種と長毛種という共通点はあるが、見た目に違いがある。

被毛

体もしっぽも長くてふさふさ

メインクーンは成猫になるまでに3年ほど要しますが、体長1メートルにもなる大型種。長いしっぽも特徴です。筋肉質の体にセミロングのゴージャスな被毛をまとったその姿は、アメリカ北東部の厳しい大自然を生き抜いてきた屈強さと優美さにあふれています。

毛の色や柄はバリエーション豊富。不揃いに見える毛先は「シャギー」（シャギーコート）と呼ばれています。少ないアンダーコートの上に、豊かなオーバーコートが覆いかぶさることで生じます。

性格・健康

みんなと友達になれる

ジェントルジャイアントという異名を持つだけあって、とにかく温和で優しいのがメインクーンの特徴です。人間はもちろんのこと、ほかの猫や犬とも友好的な関係を築けるので、どんな家庭環境にも順応できるでしょう。とても賢く、しつけもしやすいといわれています。

体が大きく、体力があるので、特に成長期には十分に遊べるスペースを確保する必要があります。一般におとなしいといわれていますが、成猫はメスのほうが活発で、オスのほうが穏やかな傾向があるようです。高いところに上るより、地上にいることを好む子も多いので、キャットタワーを設置する場合は低めのほうが気に入るかもしれません。

大きな体を維持するため、食事は高タンパクを意識しましょう。骨や関節に負担をかけないよう、太らせないようにすることも大切です。食事管理と運動、ストレスの少ない環境を整えて、健康をサポートしてあげたいですね［※］。

なお、長毛種で毛玉ができやすいので、こまめなお手入れはもちろん必須です（P97）。美しい毛並みを保つため、またコミュニケーションを深めるためにも、毎日のブラッシングとコーミングは欠かさず行いましょう。

※遺伝的に、肥大型心筋症や多発性のう胞腎という病気にかかりやすいという報告がありますが、予防できるものではありません。

みんなに優しくフレンドリー

ニャー
ワイルドな風貌とは裏腹に、「ジェントルジャイアント」と呼ばれるほど性格は優しく穏やか。鳴き声も小さめ。
多頭飼い
猫同士でも仲良し。
性格
老若男女、犬とも仲良くできる。

のんびり大型種が暮らしやすい環境

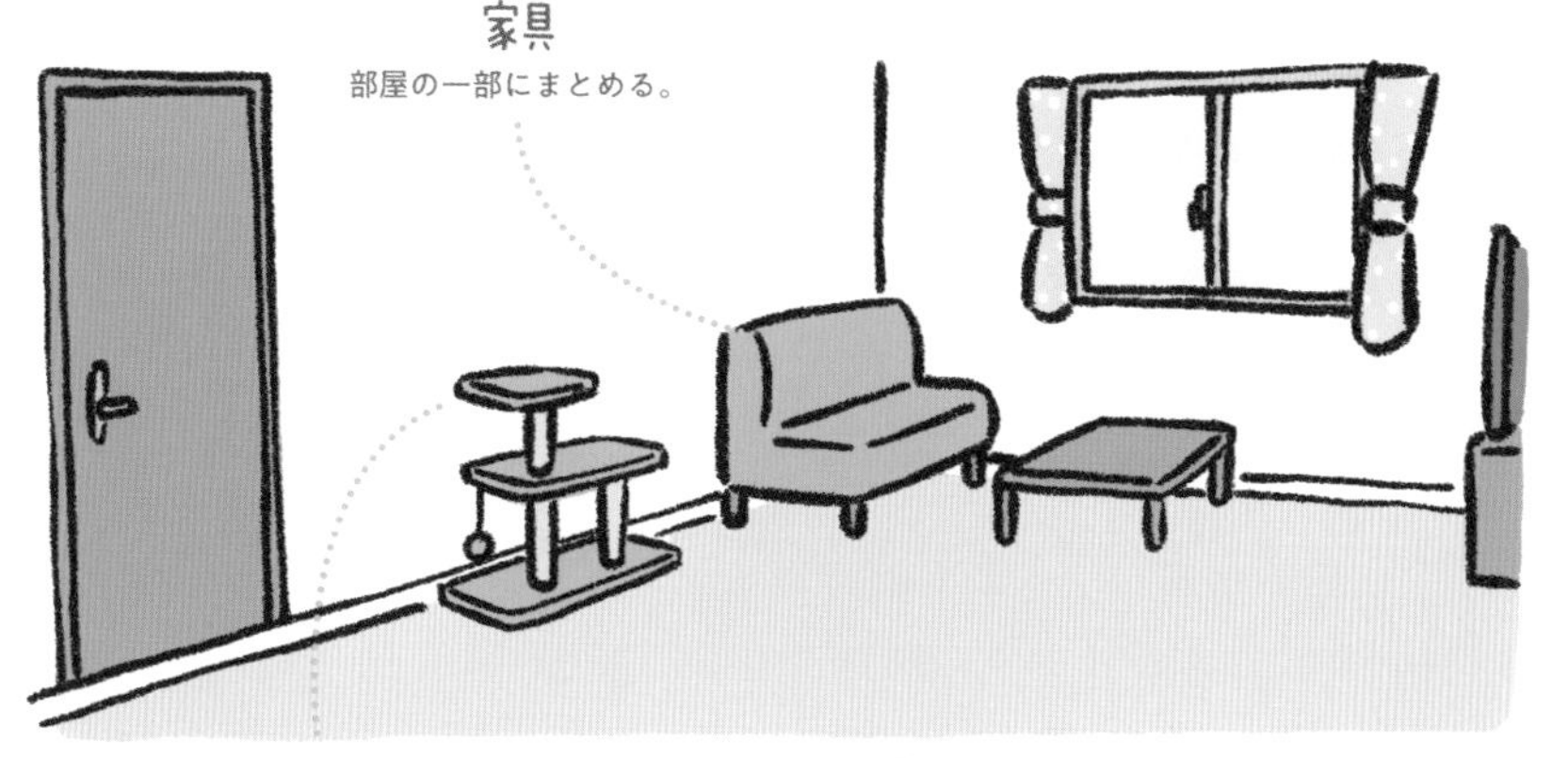

大きな体でも不自由なく動けるよう、まとまったスペースを確保すると、ストレスがたまりにくい。

ブルー以外も！
淡色率が多い短毛種

ブリティッシュショートヘア

ブリティッシュブルーと呼ばれる美しい被毛と、どっしりとした体格を持ちます。「愛情深い」猫ですが「孤独好き」な一面も。

しっぽ　体の3分の2ぐらいとやや短め。付け根が太く、力強い。

からだ　中〜大型のどっしりとしたセミコビータイプ（P109）の体型。

活動性（ハツラツ度）	★★★☆☆
愛着と分離（飼い主スキスキ度）	★★★★★
攻撃性（オラオラ度）	★★☆☆☆
社交性（猫どうし）	★★★☆☆
社交性（知らない人）	★☆☆☆☆

あたま
大きめで、どこから見ても丸みがある。

耳
小さめ。頭の左右に離れ気味についている。

瞳
大きくて丸く、左右は離れ気味。色はゴールドやカッパーが多く被毛に準じる。

鼻
色は被毛によってさまざま。

口 
開いた鼻腔と、丸みを帯びたぷっくりとしたウィスカーパッド。

あご 
オスは二重あごになるのが特徴。

あし
太めで、短め。体とのバランス感がなんともいえない愛嬌を醸し出している。足先は丸くて大きめ。

肉球
カラーは被毛の色によってさまざま。

被毛
短毛のダブルコート。毛が密集していて厚く、つやがある。

チェシャ猫はブリティッシュショートヘア

チェシャ猫 ニヤニヤと笑いを浮かべ、言葉を話し、姿を消すことができる、という架空の猫。

堂々としたブリティッシュショートヘアの風貌はルイス・キャロルの児童小説『不思議の国のアリス』に登場するチェシャ猫のモデルになったともいわれている。

歴史

「不思議の国のアリス」のチェシャ猫のモデル！

ブリティッシュショートヘアは、その名の通りイギリスの猫で、その中で最も古い品種の一つです［※］。

どっしりとした体つきと丸みを帯びた顔、ぬいぐるみのような短めの四肢は愛嬌たっぷり。古くからのイギリス土着の猫でしたが、20世紀初頭にペルシャとの交配が進められ、今のような体型になったそうです。

見かけによらず、運動能力は抜群です。それもそのはず、かつては害獣から農作物を守る頼もしきハンターとして、イギリス中で大活躍していたのだとか。

※イギリス原産の猫種にはこのほかにスコティッシュフォールド（P.86）、ペルシャ（P.122）などがいる。

被毛

淡色の被毛は、潜性のD遺伝子（変異型）由来

被毛は短く、ビロードのようにさらさらでなめらか。カラーはなんといってもブルー（グレー）が有名で、ブリティッシュブルーとも呼ばれています。

この薄い毛色は、色素を毛先に運ぶ働きを邪魔する潜性のD（ダイリュート）遺伝子（変異型、P82）によるもの。ブルー以外の毛色・柄もありますが、茶系の毛色でもD遺伝子（潜性）によって淡い色（クリーム色）があらわれることが多いです。純血種の公認団体によっては長毛種を「ブリティッシュロングヘア」として登録しています。

D遺伝子（変異型）の働きでほとんどの毛色が淡い

クリーム
O（オレンジ）遺伝子の顕性を持つと茶毛になり、dd が加わると茶が薄まりクリームになる。
ブルー
B（ブラック）遺伝子の顕性で黒毛がつくられ dd が加わると黒が薄まりブルー（グレー）になる。

ブリティッシュショートヘアは異種交配を経たことで、さまざまな毛の色（カラー）や柄（パターン）の子がいる。3色の毛色を持つ子にD遺伝子（潜性 d のペア）が加わったダイリュートキャリコも人気。

性格

穏やかで愛情深く、自立心も強い

比較的大型の猫なので、2年かけてゆっくり成長します。祖先の血を引き、高いハンティング能力を持ちますが、性格は穏やかな子が多いそう。家族には愛情深く忠実です。一度築いた飼い主さんとの信頼関係は、生涯揺らぐことがないでしょう。ただし、過度なスキンシップは苦手。抱っこもあまり好きではありません。ひとり(一匹)の時間をつくってあげることも大事です。

自立心が強く落ち着いている分、お留守番は得意。はじめて猫を飼う人やひとり暮らし、小さな子供がいる家庭でも安心です。他人は苦手なため、来客の多い家ではストレスを与えすぎないよう、少し注意が必要。

健康

丸くて大きい体は肥満に気づきにくい

ハンティング能力が高いのは筋肉の質がいいということ。この筋肉を維持するために高たんぱく質の食事と、猫じゃらしなどの遊び、キャットタワーなどは必須です。たっぷり運動できる環境も用意してあげたいところ。物静かな性格なので、運動不足になりやすいです。

オスは二重あごになる子が多いですが、かわいいからといって太らせすぎは油断大敵です。

ひとりでのお留守番もOK

猫を留守番させるときは、部屋の移動を制限したり、誤飲するようなものを片付けたりするなど、不在の事故を防ぐ対策を。

二重あごはかわいいけど、太りすぎ注意

首
ほかの品種に比べて短い。
アゴ
過度な二重アゴは太り気味のサイン。

猫にも血液型がある（A型、B型、AB型）。圧倒的にA型の子が多い中、ブリティッシュショートヘアはB型が多い傾向が。輸血が必要なときに把握しておくと安心。

愛らしい顔と、絹のような
毛を持つ「猫の王様」

ペルシャ

被毛のボリュームは猫界ナンバーワン！独特な鼻ぺちゃ顔に「おっとり」とした性格も相まって、世界中で愛されています。

しっぽ　体に対して太めで短い。ふさふさの長毛でボリュームたっぷり。

からだ　中型でがっしり体型。体長は短く幅広で、コビータイプ（P109）に分類される。

被毛　被毛はたっぷりふわふわ、絹のようななめらかさ。

活動性（ハツラツ度）		★★☆☆☆
愛着と分離（飼い主スキスキ度）		★★★★☆
攻撃性（オラオラ度）		★☆☆☆☆
社交性	（猫どうし）	★★★☆☆
	（知らない人）	★★☆☆☆

あたま

中くらい〜大きめ。丸みを帯びて幅広い。

耳

日本猫などと比べ小さく、耳の先は丸くなっている。左右に離れてついているのも特徴。

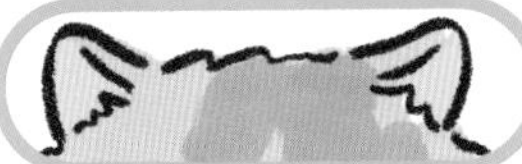
ペルシャ

日本猫

瞳

大きくて丸く、左右は離れ気味。カラーは被毛によってさまざま。

マズル（鼻口部）は低く、幅広で、鼻腔が開いていて、上向き。鼻の色は被毛によってさまざま。

あし

足は短めだが、骨格がしっかりしていて、筋肉質。足先は丸くて大きめ。

肉球

カラーは被毛の色によってさまざま。

歴史

ゴージャスで高貴なペルシャは、世界最古の品種の1つ

紀元前の象形文字に描かれた長毛の猫はペルシャではないかという説があるほど、世界の中でも古い品種の一つです。

ルーツは定かではありませんが、ペルシャという名はかつてのペルシア帝国（現在のイラン）の交易品であり、そこから各地に広まったという説に由来します。しかし、昨今の遺伝子研究によれば、その起源は西ヨーロッパであるとも。18世紀にはヨーロッパの上流社会でペットとして珍重され、イギリスのキャットショーにデビューしたという記録が残っています。

上流階級に愛された猫

貴重品
ペルシャは西欧の貴族に愛された。

きらびやかな宝石や貴金属、貴重な香辛料などと並ぶ貴重品だった。

被毛

品種改良で生み出されたさまざまな模様

長毛種の中でも最大ボリュームともいわれる被毛は、長く繊細でなめらか。カラーはホワイトの単色が主流でしたが、20世紀にイギリスからアメリカに輸入されると品種改良が進み、多くの毛色が誕生しました[※]。

有名な「チンチラ」も実は猫の品種ではなく、ペルシャ猫のカラーバリエーションの一つです。毛の先端だけ濃い色がつく「ティッピング」が特徴で、ホワイトの毛先にブラックが入ったチンチラシルバーがとりわけ人気です。

ペルシャの毛色いろいろ

ペルシャの柄(パターン)はソリッド(単色)のほかタビー(縞)、二毛や三毛(キャリコ)などもある。毛色は、ホワイト、ブル　、レッド、クリームのほか、シルバー&ゴールドなどがある。

※アメリカに渡ってからヒマラヤンやエキゾチックショートヘア、ミヌエットなど、ペルシャを交配させた純血種も多く誕生した。

性格

おっとりとしていておとなしい、飼いやすい猫

ペルシャは基本的におっとりとしているので、とても飼いやすい猫といえます。子猫の時代はその限りではありませんが、成猫になれば騒ぐことはまずなくなります。鳴き声も小さいので、集合住宅での飼育に向いています。

静かな環境でひとり静かに過ごすことを好むので、大家族の中でしつこくかまわれたりするとストレスがたまってしまうかもしれません。ただ、性格が穏やかなので品種を問わず多頭飼いすることは問題ないでしょう。

大人数は苦手、多頭はOK

ゴールドとシルバーの毛色の子は、ペルシャの中でも活発で、プライドが高い性格といわれる。

高いところは不得意

積極的に高い場所には上りたがらない。ペルシャにとってはソファーなどの適度な高さがあれば十分。

ジャンプは不得手
足が短いため、あまりジャンプが得意ではない。

健康

高い場所よりも広いスペースを

運動能力はほどほどといったところ。がっしりとした体型ですが四肢が短めなので、高いところへのジャンプは得意ではありません。上下運動というよりは、歩き回ることのできるスペースがあるのが望ましいです。運動量が少なくならないよう、配慮してあげましょう。

美しい被毛を維持するためにはこまめなブラッシングを（必要であればシャンプーも）。また、栄養バランスのとれた食事は、毛艶を保つためだけではなく、肥満防止の観点からも大切です。

「ロゼット」柄を持つのは
この猫だけ

ベンガル

ヤマネコとイエネコの交配種で、印象的なヒョウ柄の被毛を持ちます。ワイルドな見た目に反して、かなりの「甘えっ子」！

しっぽ 中くらいの長さ。先に向かって細くなっている。

からだ 胴体が長く筋肉質な体格でがっちりしている。

被毛 ヒョウ柄の被毛は密で柔らかく、シルキー。シングルコートなので、比較的抜け毛が少ない。

活動性（ハツラツ度）		★★★★★
愛着と分離（飼い主スキスキ度）		★★★★★
攻撃性（オラオラ度）		★★★☆☆
社交性	（猫どうし）	★★★★★
	（知らない人）	★★★★☆

耳

小さめの三角形。頭に対して前傾気味についている。

瞳

卵形で大きく、左右が離れ気味。瞳の色はゴールドやグリーン。スノーの毛色だと瞳がブルーの子も。

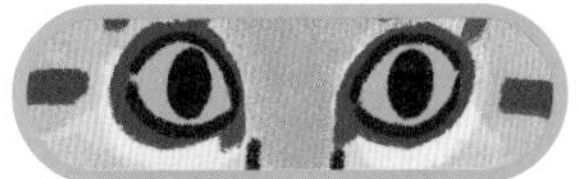

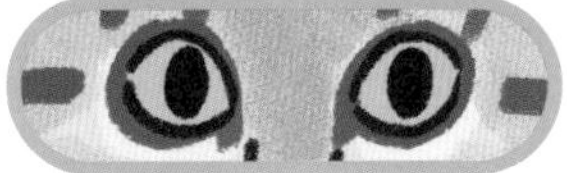

鼻

幅広で大きく、しっかりしている。色はピンク、レンガ色、黒など。

口

幅広のマズル(鼻口部)と強靭なあごを持つ。

あし

ほどほどの長さで、後ろ足のほうが長いのが特徴。足先は丸みを帯びて大きい。ゴツゴツと目立つ関節に野生味を感じる。

肉球

肉球の色は鼻の色と一致することが多いが、一緒でない場合もある。

歴史

ヤマネコとイエネコのハイブリッド

魅惑的なヒョウ柄で美しい毛並みを持つ猫、ベンガル。品種の誕生は、1970年のアメリカに遡ります。人間の白血病を研究するために、アジアンレパードという白血病にかかりにくいとされるヤマネコの一種とイエネコを交配させたことに端を発します。その後、さまざまな猫と交配が繰り返された結果、現在のベンガルとなりました。

ひとくちにヒョウ柄といっても、スポット（斑点）、マーブル（大理石模様）など、柄の出方が個体によって違います。

野生のヤマネコとイエネコから生まれた

アジアンレパード
（ヤマネコ）

イエネコ

ベンガル
（イエネコ）

ベンガルの先祖・アジアンレパードはヤマネコの一種で、被毛に特徴的な斑点模様を持つ。ヤマネコとは、野生のネコ科ネコ属動物の総称。

被毛

ほかに類を見ないヒョウ柄

濃い色で縁取りされたスポットをロゼットと呼びます。この模様を持つのはイエネコではベンガルだけ。カラーはブラウンが主流でしたが、昨今はシルバーやスノーの被毛も。短毛が一般的ですが、長毛の「ベンガルロングヘア」もいます。

ベンガルのさまざまな柄の違いは、特定の一つの遺伝子の働きではないようです。ただ、A遺伝子（アグチ）（P18）については先祖のアジアンレパード（ヤマネコ）と同じものを持っていると最新の研究で明らかになってきました。

特徴的な「ヒョウ柄」

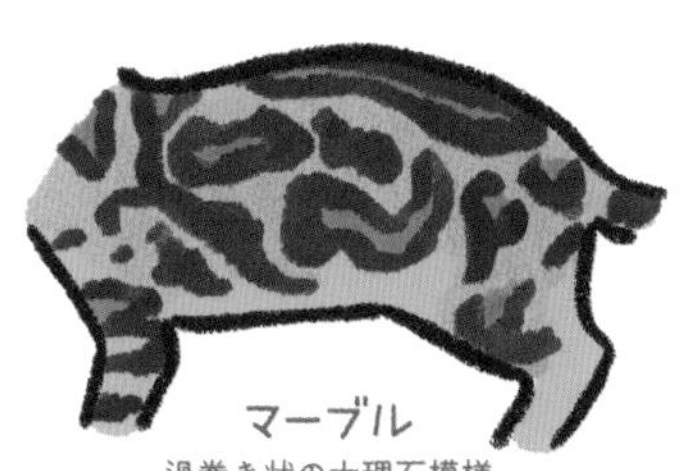
マーブル
渦巻き状の大理石模様

スポット
単色の斑点模様

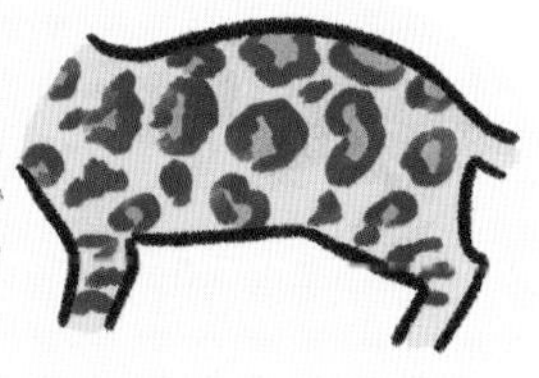
ロゼット
斑点（スポット）が濃い色で縁取られている

特徴的なロゼット柄には、ドーナッツ形、パンケーキ形、足跡形などさまざまなバリエーションがある。

性格・健康

ヤマネコ並みの運動量と、イエネコらしい人懐っこさ

ベンガルはその被毛の柄と身体能力に、ヤマネコの血をしっかりと受け継いでいるようです。とにかく活発で運動量が豊富。走り回るだけでなく、上下運動も大好き。

一方で、性格は優しくて甘えん坊。多くのイエネコと交配してきたため、人と暮らすのに適した性質になったといわれています。愛情深く人懐っこい子が多いので、大家族や小さな子供のいる家庭でも大丈夫。よき家族、遊び相手になってくれます。ほかの猫や犬とも仲良くできるため、多頭飼いにも向いています。

顔が逆三角形（P83）でほっそりしているので、細身の猫かと思いますが、実は体つきは力強くがっしり。中～大型で、オスでは最大で8キロほどに成長することもあります。

そして、ベンガルといえば、そのヒョウ柄のかわいさもさることながら、柔らかでシルキーな手触りの被毛が特徴的。こまめにブラッシングすることがその美しさを保つ秘訣です。

また、水を嫌わない種としても知られています。猫は一般的に水が苦手な生き物ですが、ベンガルの祖先であるアジアンレパードは水を好み、水中の獲物を捕まえるほどです。そのためベンガルも水に苦手意識がないのでしょう。

野生味に合った環境

環境
十分に広い空間とキャットステップ、あるいは背の高いキャットタワーなどがあるといい。

スキンシップを求める性格ではないが、人と遊んでコミュニケーションをとるのは大好き。思う存分遊べるような家庭に向いている。

水に苦手意識がない

水遊び
水を怖がらず、お風呂も苦労せずに入れられる子が多い。

水が苦手な猫だが、まれに水が好きな種もいる。ベンガル以外には、メインクーン（P110）、アビシニアン（P134）、ソマリ（P135）、シンガプーラ（P152）など。

短毛ならアビシニアン
長毛ならソマリ

アビシニアン&ソマリ

なめらかな被毛としなやかな体つきが優美なこの2種は、毛の長さ以外はほぼ同じ猫。身体能力抜群で「元気いっぱい」ながら、声が小さく愛らしいのも特徴。

しっぽ
根元が太く、先が細い。アビシニアンは細くしなやかな形、ソマリはキツネの尾のようにふさふさ。

からだ
細身でしなやかな筋肉質。体格はほっそりとしたフォーリンタイプ(P109)。ソマリはボリュームたっぷりに見えるので、抱き上げるとその細さにビックリする。

活動性（ハツラツ度）		★★★★★
愛着と分離（飼い主スキスキ度）		★★★★★
攻撃性（オラオラ度）		★★☆☆☆
社交性	（猫どうし）	★★★☆☆
	（知らない人）	★★★☆☆

耳

先端に丸みがあり、根元が広く大きい。

瞳

アーモンド形で大きい。濃いアイラインに囲まれている。カラーはカッパーやグリーン、ゴールド。

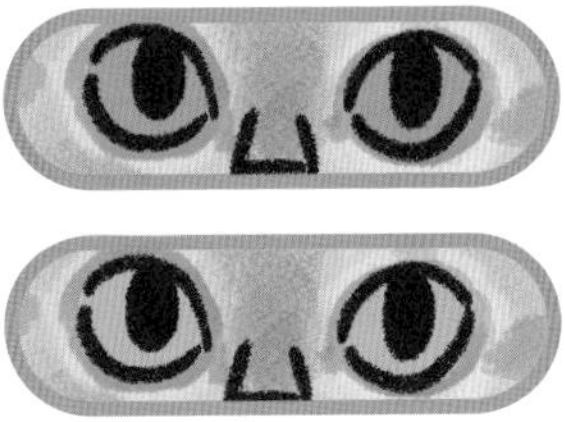

鼻

鼻はオレンジや茶色が多い。

口

マズル（鼻口部）は膨らみが控えめでなめらか。あごは丸みを帯びている。

あし

細く、長く、筋肉が発達している。足先（ポウ）は小さく、つま先立ちをしているように見える。

肉球

毛の色によって異なり、黒〜ブラウン。毛の色がブル　系だと、ピンクや明るいブラウンに。

被毛

いずれも柔らかなダブルコートで、ティッキング（1本の毛に数色の縞模様が入る）が美しい。アビシニアンは短毛、ソマリは長毛（セミロング）。

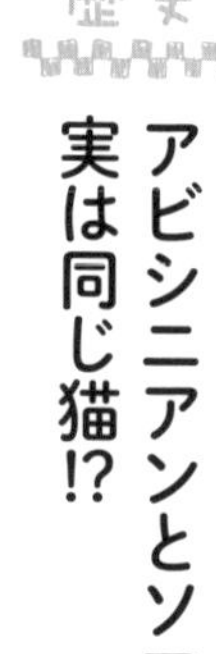

アビシニアンとソマリ、実は同じ猫!?

しなやかなボディと大きな瞳を持つアビシニアンは、小さな足先で踊るように歩くことから「バレエキャット」との異名を持ちます。

古代エジプトの壁画によく似た猫の神様の絵が描かれていることから、最も古いイエネコの1つといわれますが、正確なルーツは今なお謎に包まれたまま。これまではアビシニア（現在のエチオピア）からイギリスに持ち帰られた猫が由来という説が有力でしたが、昨今の遺伝子調査により、その起源がインドや東南アジアにあるという説が濃厚になってきました。

アビシニアンは、1917年にアメリカで品種認定されました。ソマリが認定されるのはそれから半世紀後のことです。

もともと、アビシニアンの突然変異として長毛の子猫はたびたび誕生していましたが、「短毛ではない＝アビシニアンとしては認められない」ということで、長毛種は長らく日の目を見ることがありませんでした。しかし1963年、カナダのブリーダーがキャットショーに出してみたところ、その美しい長毛が注目の的に。そこからブリーディングが始まり、ソマリという種が認定されました。

つまりアビシニアンとソマリは、毛の長さ以外はほぼ同じ猫だといえます［※］。

※品種の認定ではアビシニアンは両親共にアビシニアンでなければいけないが、ソマリは片方の親がアビシニアンでもソマリとして認められる。

ソマリ誕生物語

ソマリという名前はアビシニアの隣国であるソマリアから名付けられたそう。今では「キツネのような猫」と人気品種の１つに。

被毛

複雑な色を醸すティッキング

アビシニアン、ソマリともに「ティッキング」という被毛を持っています。1本の毛に縞状に色が入り、毛先に行くにつれ色が濃くなるのが特徴です。体全体で見ると、目立つ縞模様ではありません。色が複雑に入り組むので、光の具合や体の動きによって被毛の色合いが変化し、非常に美しい毛並みに。ソマリは毛が長いため、より複雑な色合いを見せる傾向があります。

毛の色は定番のルディ（黒に近い茶）、赤みが強いレッド、ベージュのコートを持つフォーンやブルーなどがあります。

美しいティッキング

ティッキング

根元が薄く、毛先が濃い縞模様。

ティックドタビー

体はティッキングという被毛を持つ。足やしっぽに薄い縞模様が入る場合もある。

ティッキングはT（タビー）遺伝子の中のアビシニアンタイプの顕性 Ti^A によるもの。アビシニアンのカラーのバリエーションであるフォーンやブルーは、ここにB（ブラック）遺伝子の潜性ペア（b^lb^l）やD（ダイリュート）遺伝子の潜性ペア（dd）が加わって生まれたと考えられる。

性格・健康

鈴を転がしたような鳴き声だけど、元気いっぱい！

アビシニアンもソマリも、とても活発な猫です。引き締まった体に持ち前の好奇心とくれば、どれだけ遊び好きかがわかりますね。飼育環境は、できるだけ動き回れるスペースがあることが好ましいです。また、キャットタワーなども積極的に設置してあげましょう。

元気いっぱいな反面、鳴き声がとても小さく愛らしいのもこの猫種の特徴です。「鈴の転がるような」とはまさにこのこと。賢くしつけがしやすいことも考えると、初心者はもちろん、ひとり暮らしや年配の方にも飼いやすいでしょう。

ただ、アビシニアンとソマリはちょっと神経質なところがあり、ほかの猫種との多頭飼いにはあまり向きません。ひとたび懐けばとても甘えん坊な性格の子が多いので、ひとりっ子として文字通り猫かわいがりするのもいいかもしれませんね。

とはいえ、甘やかしすぎて適量以上の食事を与えてはいけません。しなやかな体を守るためにも、肥満には十分気をつけましょう。

また、水を怖がらない子も多いと聞きます。水遊びされて困る場所には水場をつくらない、お風呂の残り湯などにはふたをして事故を未然に防ぐなど注意してあげてください。

短毛版のペルシャ

エキゾチックショートヘア

ペルシャとの交配種で、被毛の色柄はさまざま。ぺちゃ鼻と「穏やか」な気質はペルシャ譲りですが、ちょっと「嫉妬深い」ところがあるかも!?

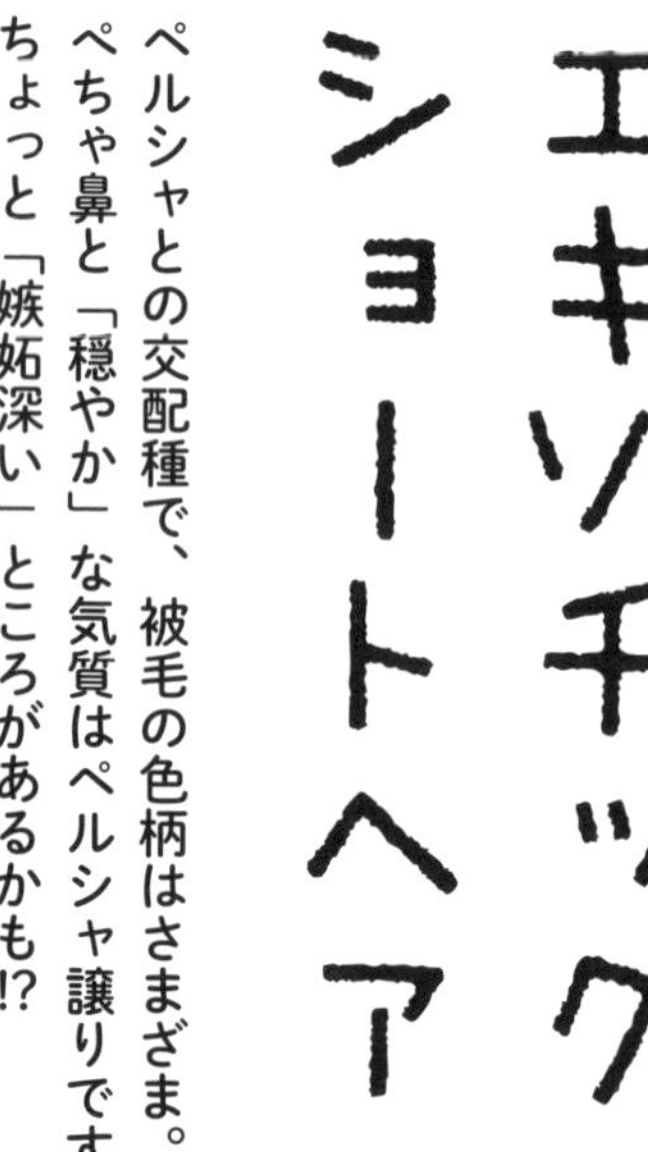

しっぽ　太くて短めでふさふさ。ぴんとまっすぐ伸びている。

からだ　中〜大型で丸みのある体つき。

被毛　ダブルコートの被毛は柔らかく、アンダーコートが厚い。

活動性（ハツラツ度）	★★☆☆☆
愛着と分離（飼い主スキスキ度）	★★★★★
攻撃性（オラオラ度）	☆☆☆☆☆
社交性（猫どうし）	★★★★★
社交性（知らない人）	★★★★☆

あたま
中くらいから大きめのドーム形。幅も広め。

耳
小さくて先端が丸い。頭の左右に離れてついている。これもペルシャ由来。

瞳
大きくて丸く、左右は離れ気味。カラーはカッパーが多いが被毛によってさまざま。

鼻と口
短い鼻と開いた鼻腔が特徴的。あごは大きく頑丈。鼻の色は被毛によってさまざま。

あし
骨格が大きく、頑丈。足先は丸くて大きめ。

肉球
カラーは被毛の色によってさまざま。

歴史

世界中で愛される愛嬌たっぷりの鼻ぺちゃ猫

エキゾチックショートヘアは比較的新しい品種で、本格的なブリーディングが開始されたのは1960年代。

ペルシャ（P122）の交配が盛んに行われていた時代で、ペルシャとブリティッシュショートヘア（P116）、アメリカンショートヘア（P74）、バーミーズなどとの交配によって定着した猫種といわれています。

愛嬌たっぷりのぺちゃ鼻とビー玉のような瞳はルーツであるペルシャによく似ていますが、短毛のためお手入れはしやすいでしょう。

ペルシャと他猫種の交配で生まれた

キャットショーの黎明期から現在に至るまで高い人気を誇るペルシャ。その美しい被毛のバリエーションを増やそうと、ペルシャとほかの品種の交配が盛んに行われた。

ぺちゃ鼻の２タイプ

トラディショナル

トラディショナルに比べて目と鼻が離れ、ぺちゃ鼻の印象が薄い。

エクストリーム

より目と鼻が近く、ぺちゃ鼻を追求した見た目。

ぺちゃ鼻の具合によって２つのタイプに分けられる。この特徴的な鼻は骨軟骨形成異常（P91）によるもの。かわいらしい見た目だけではなく関節炎なども引き起こす疾患だ。昨今では倫理的な観点から、骨軟骨形成異常を極度に引き起こさない交配が行われることが多い。

被毛

おとなしくお世話をさせてくれる

異種交配の歴史から、エキゾチックショートヘアはさまざまな毛色を持ちます。単色、二毛、三毛、タビー（縞）が入ることも。まれに長毛の子も生まれますが、これは毛の長さを決めるL（レングス）遺伝子のうち1（潜性）をペアで持つためです【※】。

いずれにしろ、1本1本が細く高密度の被毛はふわふわ。その美しさを保つためにブラッシングは不可欠ですが、従順な性格のエキゾチックショートヘアは飼い主さんに全面的に身を任せてくれます。同様に、爪切りやシャンプーにも苦労はないはず。

※時おりロングヘアの子猫が誕生するが、認定団体によってエキゾチックショートヘアのロングヘアとして登録したり、ペルシャとして登録したりと、現在でも曖昧な部分がある。

性格・健康

誰とでも仲良く暮らせるフレンドリーな猫

性格もペルシャゆずり。静かで愛情深く、激しく走り回ることも少ないため、エキゾチックショートヘアは最も飼いやすい品種の一つといえるでしょう。子供がいる家庭やひとり暮らしでも問題なく、また鳴き声も小さいためマンションでの飼育にも向いています。

フレンドリーな性格で、ほかの猫とも仲良くできますが、ちょっと嫉妬深い面もあると聞きます。大好きな飼い主さんがほかの猫をかわいがっていると、じっとりとした視線を感じるかもしれません。ただ、そ

人とも猫ともフレンドリーだけど、嫉妬心も

嫉妬深い
多頭飼いの場合、飼い主の注意がほかに向くと、嫉妬に駆られてしまう一面も。

過度な嫉妬は、体調不良や問題行動を引き起こすことも。甘噛み、いたずら、遠くから見つめるなどの行動は嫉妬のサインかもしれない。

れはそれで、猫好きにはたまりませんね。

運動量はさほど多くありませんが、食いしん坊で太りやすいため、猫じゃらしなどで遊ばせることを心がけましょう。高いところは苦手なので、背の低いキャットタワーなどを置いて、落ち着ける場所をつくってあげることも必要です。

また、エキゾチックショートヘアの特徴でもあるぺちゃ鼻は、鼻涙管狭窄（びるいかんきょうさく）（涙の出口が狭くなる）になる傾向にあります。そのため目から涙があふれる状態になることがよくあり、目やにが増えたり、目のまわりに炎症が起きたりという症状が出ることも。

日頃から目や鼻のまわりに異常がないかよく観察するようにしてください。

特有の病気にご注意！

鼻涙管狭窄（びるいかんきょうさく）のほか、鼻ぺちゃの猫に多い病気に「短頭種気道症候群」がある。鼻の気道が狭いことで呼吸が困難になる先天的な病気で、安静にして涼しい環境をつくることで重症化の予防につながる。

シャム（サイアミーズ）

顔、しっぽ、足先だけに色がつく

季節によって被毛が色を変えるのは、ある遺伝子のしわざ。世界で長く愛されてきた、「ツンデレ気質」の愛らしい猫です。

しっぽ　体に対してとても長く、根本から細い。

からだ　スレンダーで長め。被毛は短く密に生え、シルキーな手触り。

活動性（ハツラツ度）		★★★★★
愛着と分離（飼い主スキスキ度）		★★★★★
攻撃性（オラオラ度）		★★★☆☆
社交性	（猫どうし）	★★☆☆☆
	（知らない人）	★★☆☆☆

耳
根本が広い三角形で、とても大きい。

瞳
アーモンド形で大きめ。カラーはサファイアブルー。

口と鼻 
幅広の鼻の先端とあごの先端が直線上につながっている。鼻の色は黒や黒褐色。

あし
筋肉質でしっかりとしている。後ろ足のほうが長い。

肉球 
小さな卵形。毛の有色部分と同じ色かピンク。

被毛
体の先端に入るカラーは主にブラック、ブルー、チョコレート、ライラック［※］。

※カラーバリエーションのチョコレートやライラックは変異型のB（ブラック）遺伝子によるもの。B遺伝子の潜性にはbとb^lの2種があり、bbまたはbb^lだと色が少し薄いチョコレートになり、b^lb^lではさらに色が薄いライラックになる。

歴史

世界中で愛され続ける高貴でエレガントな猫

シャムは、500年以上も前からタイの王宮で愛でられていたといわれる歴史のある品種。ヨーロッパで知られるようになったのが19世紀後半で、20世紀に入ると人気が爆発。日本でも1950年代からはやり、純血種を代表する猫として広まりました。

体つきはスレンダーでしなやか。もともと丸みがあった体型が、ブリーディングされるうちに現代の姿になったそうです。シルキーな被毛とサファイアブルーの瞳、エレガントなその姿を見れば、長い間愛されてきた理由がわかります。

タイ王宮で愛されてきた猫

王族の猫
かつてはタイの王族しか飼えなかった。

シャムの呼び方は日本ならでは。海外では「サイアミーズ」と呼ばれている。シャム(Siam)は1939年までのタイの国名。シャム猫を英語で書くと「Siamese(サ・イアミーズ)」となる。

被毛

体の先端が濃く色づくのはC遺伝子の変異

シャムといえば、なんといっても特徴的なのがポインテッドと呼ばれる鼻や四肢の先端に濃い色がついた被毛。

これは色素の発現を抑制するC遺伝子の潜性（c^s）によるものです。この被毛は温度の低い場所では色が濃く、高い場所では薄くなります。そのため、体温が比較的低い鼻先や足先に濃い色がついているのです。シャム猫は季節によって色が変わるといわれることがありますが、それも納得ですね。

なお子猫のときは白毛が多く、成猫になるにつれ徐々に色が濃くなります。

温度で影響を与える遺伝子

C遺伝子は、C-（顕性）であれば全身まんべんなく色がつくが、潜性の c^s をペアで持つと色素合成が阻害され、ポイントカラーになる。C遺伝子の潜性には、4タイプがある（P107）。

性格・健康

飼い主さんを一人占めしたいワガママな甘えっ子

高貴な出自のせいか、性格的には気難しいといわれるシャム。実際、ちょっとワガママなところはありますが、人によく懐く甘えん坊が多いようです。遊びが大好きな反面、ひとりでのんびり過ごすことも好き。つまりツンデレ、とても猫らしい猫ということかもしれませんね。

愛情深いけれどワガママとくれば、飼い主さんと密の関係になれる飼育環境が望ましいでしょう。単身者や子供のいない家庭に、特に向いています。他品種との多頭飼いや、小さな子がいる場合はあまり落ち着

にぎやかなのは苦手

性格

ひとりでの留守番は苦手。飼い主さんと密になれる環境向き。

飼い主さんとのスキンシップが好きな子が多く、ひざに乗ったり体を寄せてきたりする。

かないかもしれません。

しなやかな筋肉を持ち俊敏性が抜群なシャムは、高いところに上るのが大好き。突っ張り式のキャットタワーやキャットステップなど、遊び場となる場所をたくさんつくるとよいでしょう。

シャムはよく鳴くことでも有名でしたが、最近は品種改良によってあまり鳴かない子も増えてきたようです。同じ猫種でも個性があるのでその子の特性を見極めた上で、適した環境を整えてあげたいですね。

なお、暑い国にルーツがあるということもあり、寒さにはとても弱い品種です。特に冬場の温度と湿度の管理は、エアコンやホットカーペットなどを活用し入念に行いましょう。

寒さには十分な対策を

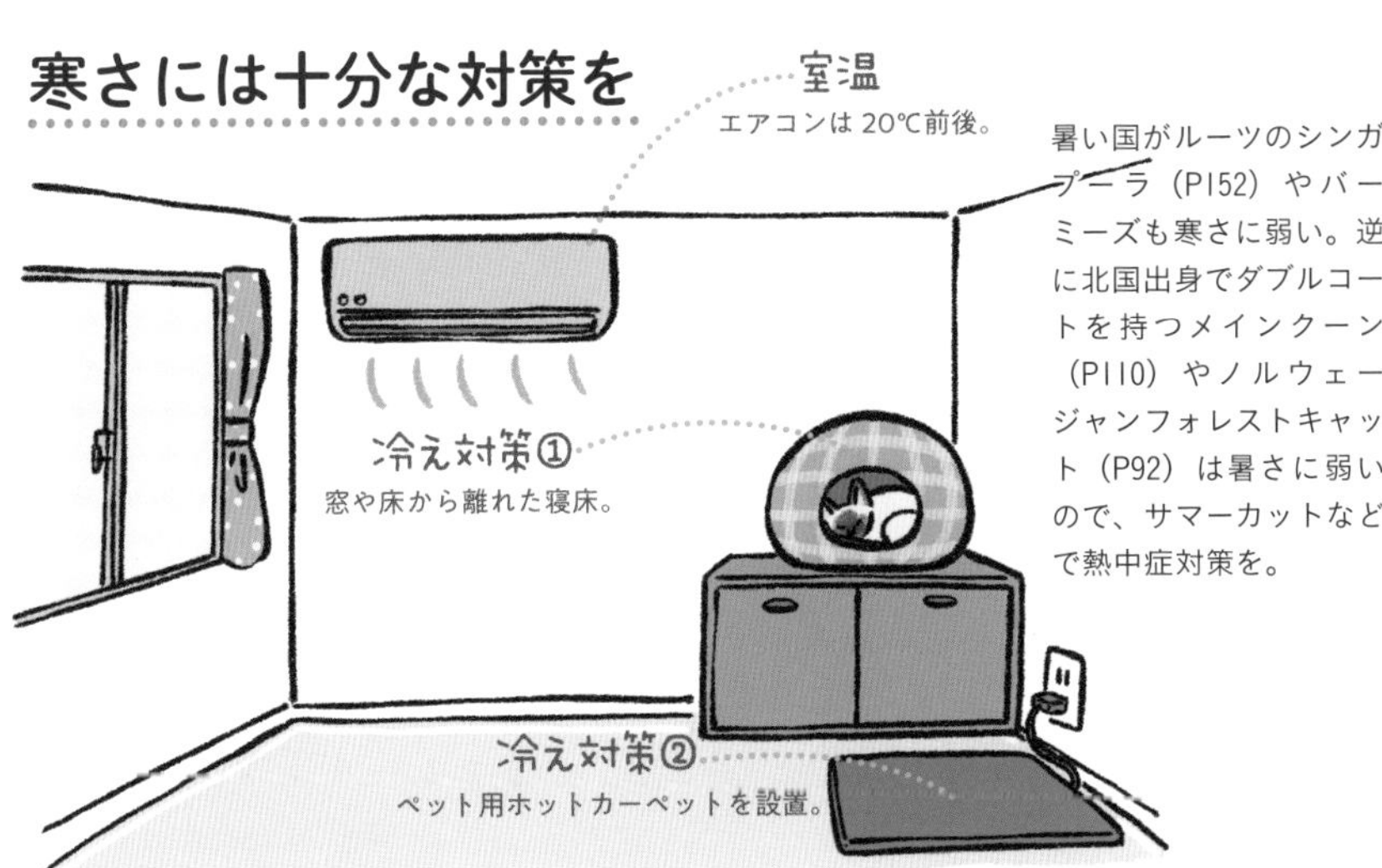

暑い国がルーツのシンガプーラ（P152）やバーミーズも寒さに弱い。逆に北国出身でダブルコートを持つメインクーン（P110）やノルウェージャンフォレストキャット（P92）は暑さに弱いので、サマーカットなどで熱中症対策を。

手のひらサイズの
世界最小の猫

シンガプーラ

妖精にたとえられるほどの小さな体は、世界最小クラス。だけど「やんちゃ」で「好奇心旺盛」な性格ゆえ、その存在感は絶大です。

しっぽ　するりと細い。体に対して短め。

からだ　小さくてもしっかり筋肉質。

被毛　ティッキング（1本の毛に数色の縞模様が入る、P138）の入った被毛はすべすべ。

活動性（ハツラツ度）		★★★★★
愛着と分離（飼い主スキスキ度）		★★★★★
攻撃性（オラオラ度）		★★☆☆☆
社交性	（猫どうし）	★★☆☆☆
	（知らない人）	★☆☆☆☆

耳

大きく、深いカップ形。

瞳

アーモンド形で大きく、くっきりアイライン。カラーはグリーン、ゴールド、イエローなど。

口と鼻

短めで幅広のマズル、あごは発達している。鼻の色はピンクからブラウン。ピンクでブラウンがかった縁がある子もいる。

あし

細いが筋肉が発達していて、重みがある。足先は小さく卵形。

肉球

色はピンクがかった茶褐色。

歴史

世界最小の純血種

シンガプーラは、純血種の中では世界最小の猫。その名の通り、ルーツはシンガポールにあります。

下水溝などで暮らしていた小型の野良猫たちが、人の手によってアメリカに渡ったのが1975年。品種認定されたのは80年代に入ってからのこと。両手のひらに乗るほどのかわいらしい小さな猫が、あっという間に認知されていったことは想像に難くありません。認定は比較的最近の猫種ですが、300年以上前から存在していたとされています。

手のひらにおさまるほど小さいが…

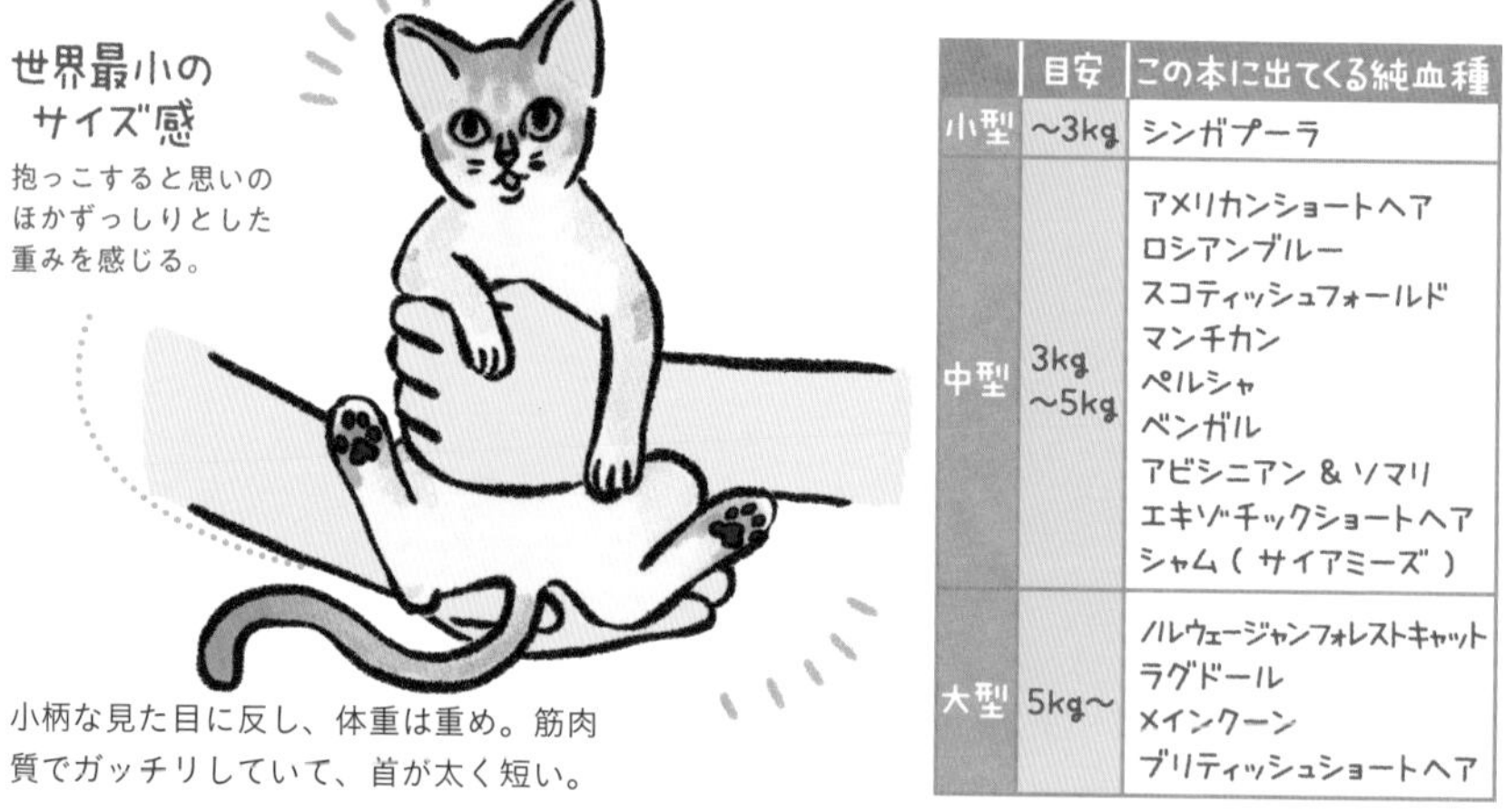

世界最小のサイズ感
抱っこすると思いのほかずっしりとした重みを感じる。

小柄な見た目に反し、体重は重め。筋肉質でガッチリしていて、首が太く短い。

	目安	この本に出てくる純血種
小型	～3kg	シンガプーラ
中型	3kg～5kg	アメリカンショートヘア ロシアンブルー スコティッシュフォールド マンチカン ペルシャ ベンガル アビシニアン＆ソマリ エキゾチックショートヘア シャム（サイアミーズ）
大型	5kg～	ノルウェージャンフォレストキャット ラグドール メインクーン ブリティッシュショートヘア

顔の印象を決める大きな目

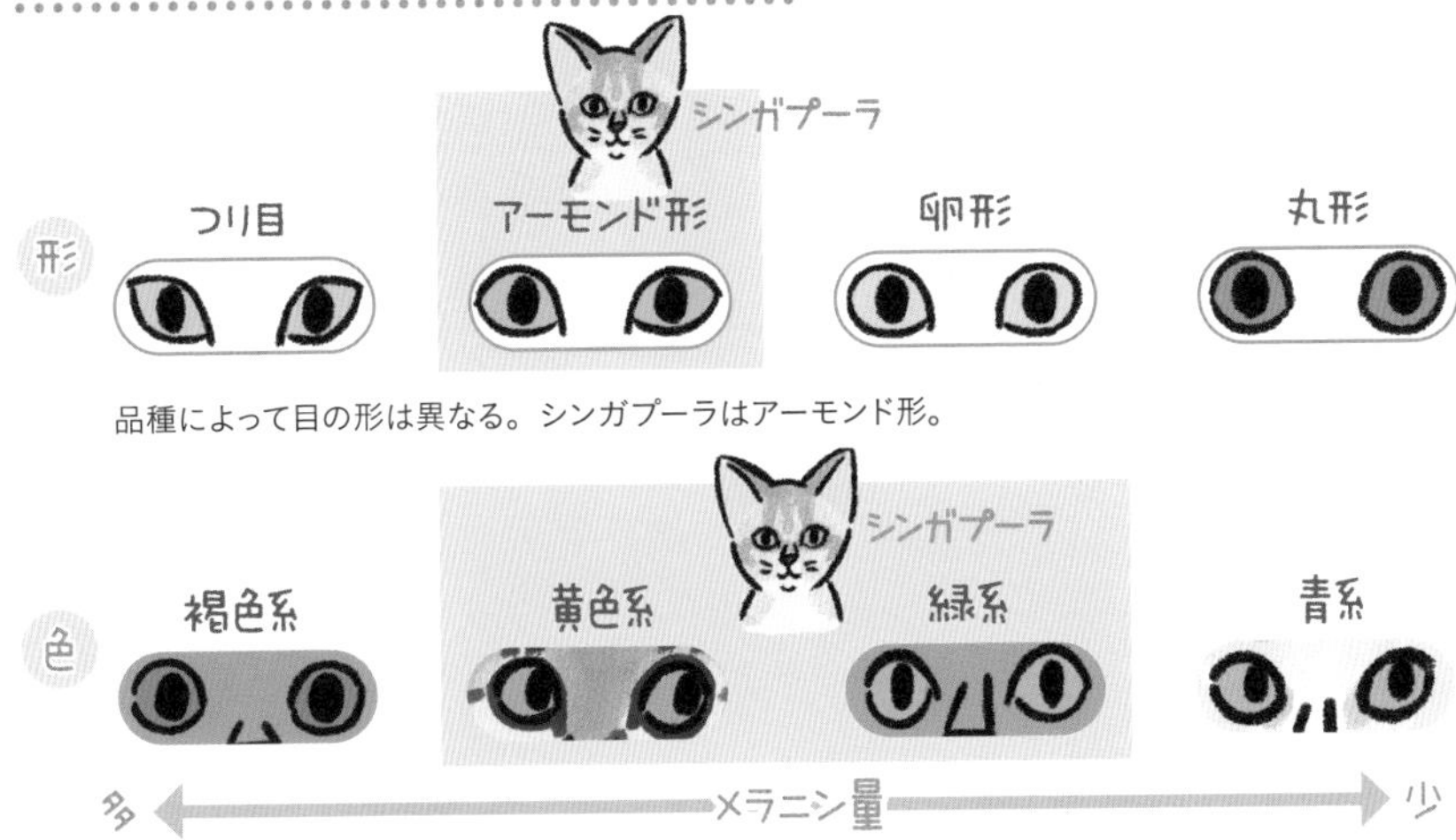

品種によって目の形は異なる。シンガプーラはアーモンド形。

瞳のカラーは虹彩のメラニン量で決まる。シンガプーラは個体によって黄〜黄緑。ロシアンブルーなど、瞳のカラーが決まっている品種もある。また生後、虹彩がだんだんとメラニン色素を集めていくので、成長過程で目の色が変化することがある。

被毛

被毛の色はT遺伝子と変異型のC遺伝子の働き

「小さな妖精」との愛称にふさわしく、被毛は光の角度で色を変え、時にはキラキラと輝きます。この光沢感は、1本の毛に数色の縞模様が入るティッキングによるもの（P138）。カラーはセピアアグチのみで、温かいオールドアイボリーの地色にブラウンのティッキングが入っているのが特徴。

シンガプーラのティッキングはT（タビー）遺伝子のアビシニアンタイプTi^A（顕性）によるもので（P26）、足先からお腹、あごの下が白いのはC（カラー）遺伝子のバーミーズタイプc^b（潜性）によるもの（P107）です。

性格・健康

好奇心旺盛で活発、飼い主さんとかくれんぼ必至

シンガプーラは、とても愛情深い猫です。飼い主さんへの信頼度が高く、温和な性格のため、どんな家族構成でも飼いやすいでしょう。

甘えん坊ですが、イタズラ好きで活発。必要な運動量が多いのでキャットタワーなどの設置は必須です。活動的な一方で、鳴き声は小さく、静かに過ごすことも少なくないため、マンションなど集合住宅での飼育にも向いています。

体の小さな猫がゆえに、家の中で姿が見えなくなることも。死角が多いと探すのは

かくれんぼな日々!?

高いところが大好き!
家具の上はもちろん、飼い主さんの肩に乗ることも。
死角
小さいので家具の隙に隠れやすい。

小型猫で体重は軽いが体型は丸みのあるセミコビータイプ（P109）。

一苦労です。シンガポールで長い間発見されなかった理由も、隠れるのが上手なうえにすばしっこいので捕まえるのが困難だったからだといわれるくらいです。

そんな元気なシンガプーラですが、実は神経質な一面も持っています。多品種との多頭飼いや、知らない人との触れ合いはストレスの元です。人の出入りがあまり多くない環境で育てたいですね。

食は細い子が多いようですが、なにしろ体が小さいですから、過食させないように食事の量には注意してください。

また、気候が一年中暖かいシンガポールの猫なので、寒さと乾燥がとても苦手です。冬の寒さが厳しい日は室温管理に気をつけましょう。

食事の量は体のサイズに合わせて

食事の量は体重を目安に決めるが、活発な猫はより多めに。太ってきたら、低カロリーや高タンパクのフードに切り替えるなどして調整する。

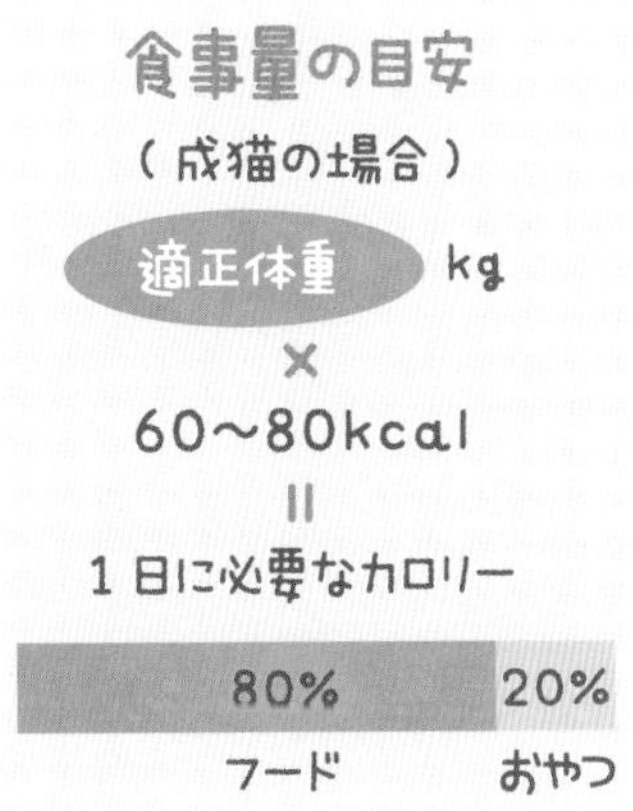

まだまだある

猫の毛色遺伝子

これまでに紹介した毛色のほかにも、猫には個性的な毛色がまだまだあります。

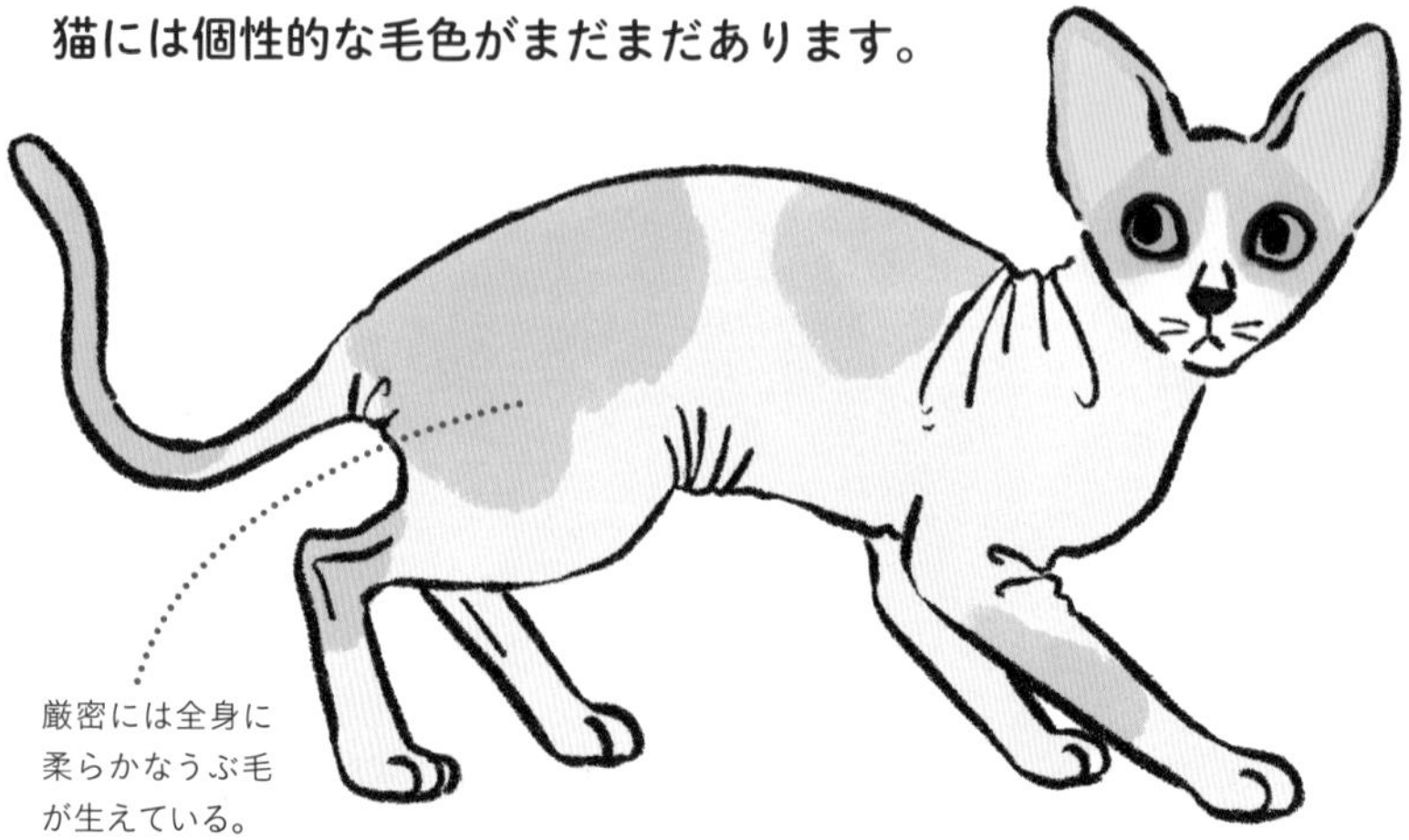

厳密には全身に柔らかなうぶ毛が生えている。

ヘアレスキャット

無毛猫をつくる遺伝子がある。

ヘアレスキャットといえば、1960年代に突然変異で生まれたとされるスフィンクスが有名ですが、現在では未登録の猫種も含めると10種類近く存在するとか。

無毛にかかわるH(ヘアレス)遺伝子のうちスフィンクスの無毛は潜性遺伝（hrをペアで持つ）とされていますが、よく似たロシア原産のドンスコイは別の遺伝子によるものとされます。同じに見えても遺伝子には違いがあるのですね。

ちなみに、無毛の肌にもブチ模様がありま す。毛が生えていれば、そのままの毛色になるのでしょう。

ホタルしっぽ

しっぽの先や足先、鼻先だけが白くなる不思議。

ペンライトテール、キャンドルテール、ホタルしっぽ――いずれも先っぽの毛だけが白いしっぽを形容する言葉です。

体の模様には白が混じっていないのに、しっぽ、足、鼻先などの先端だけが白色や薄い色になる個体はよく見られます。

この現象について遺伝学的にはまだ解明はされていませんが、受精卵から胚へと成長する過程の色の出方が影響しているのではないか、という考え方があります。

まだまだ仮定の域を出ませんが、研究が進むのが楽しみですね。

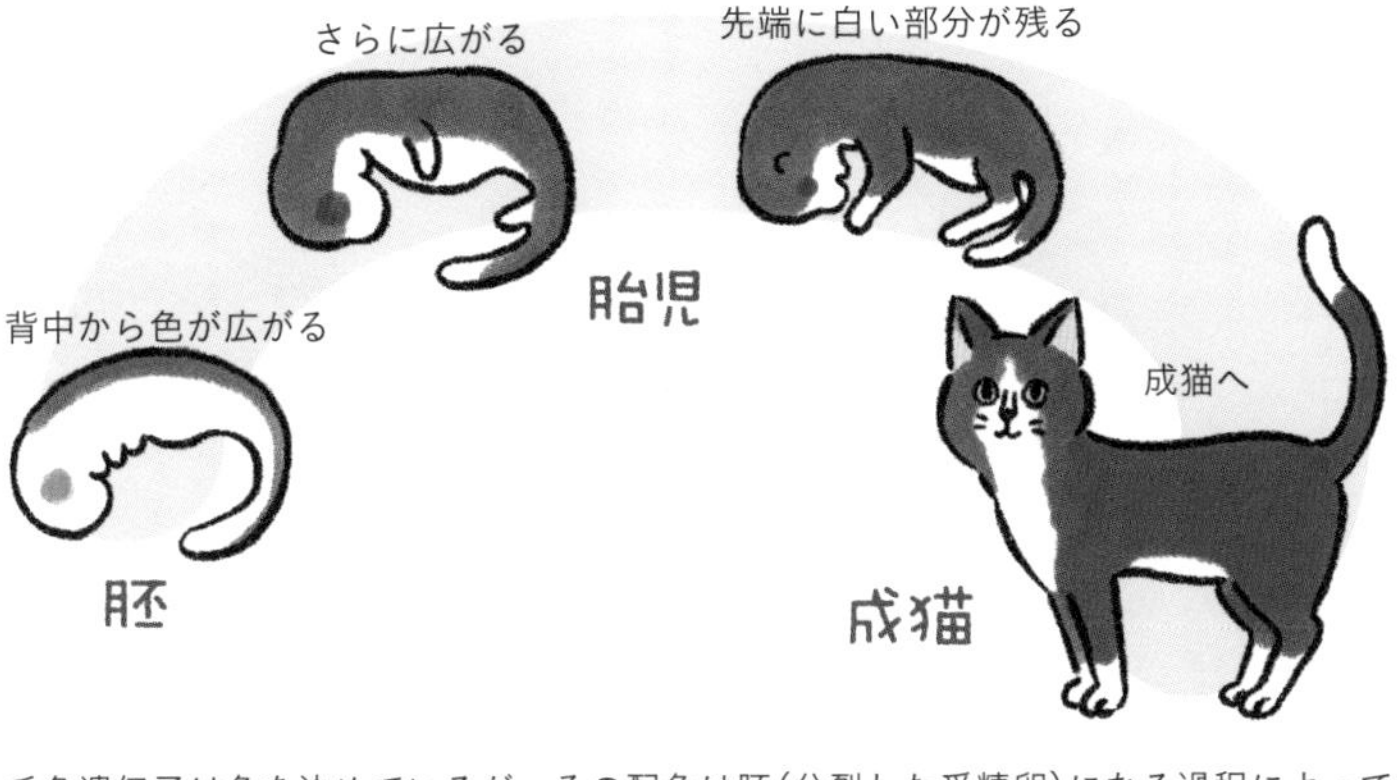

背中から色が広がる
胚
さらに広がる
胎児
先端に白い部分が残る
成猫へ
成猫

毛色遺伝子は色を決めているが、その配色は胚（分裂した受精卵）になる過程によって左右される。胚の時点では体が丸まっていて、鼻、手足の先、しっぽの先が近い場所にある。そこが白毛になると、成長したとき先端にだけ白毛がついているようになる。一般的に「猫の模様は背中からソースをかけたようにつく」といわれるが、同じメカニズムによるものとも考えられる。

カーリーヘア

同じくるくるとした被毛でも、原因となる遺伝子はさまざまです。

巻毛（縮れ毛）を持つ猫たちがいます。元は、海外で突然変異によって生まれました。品種としては、コーニッシュレックス、デボンレックス、セルカークレックスが有名ですが、最近はラパーマの名前もよく耳にしますね。比較的新しい品種です。

同じように見えるカーリーヘアも、巻毛を形成する遺伝子がそれぞれ違うため、品種によって巻きの強さや大きさが異なります。もちろん顔つきもそのルーツによってさまざまですが、いずれにしろ個性的ですね。

巻毛は抜けにくいといわれていて、お手入れはそう難しくないそう。

キメラの場合、ある遺伝子の顕性と潜性、両方の特性を持っているなど、通常では考えられない色柄があらわれる。

ブレイズ

不思議ゆえ魅力的なブレイズ。一度はお目にかかりたいものです。

ブレイズとは、顔の左右で毛色が分かれること。珍しい柄なので、その存在がひとたび知られると話題になります。遺伝子的には二毛の猫と変わりありません。

ブレイズが登場すると、必ずといっていいほど聞こえるのが「キメラ」というワード。これは2種類の異なる遺伝子が1つの体にあることを指します。遺伝的には成立するはずのないものですが、キメラの猫は染色体異常の1つとして実際に報告されています。ブレイズとはまったく別の事例です。

猫の性格研究の今

猫の性格はどうやって調べる?

京都大学 CAMP-NYAN(コンパニオンアニマルマインドプロジェクト)では現在、**日本猫(雑種)の飼い主さんへのアンケートと研究員による行動テストなどを分析して、猫の性格を研究**しています。

飼い主さんの主観によって回答するアンケートは、その基準が人それぞれ違います。なかなか客観的なデータを取ることができないため、非科学的と思われがちですが、サンプル数が増えるほどに安定的なデータが取れるようになります。

そのため、CAMP-NYANでは継続的に協力をあおいでいるのです。

行動テストでは、ある環境下で猫がどんな反応をするのかを観察します。たとえば、誰もいない部屋にプラレールを設置し、おもちゃの電車を動かして反応を見る方法です。興味津々で手を出す猫もいれば、まったく興味を示さない猫もいます。もちろん、怖がって部屋の隅でじっと固まっている猫もいます。

アンケート調査では主観ベースで、行動テストでは客観ベースでデータをとることにより、猫の性格を結論づけていくというわけです。

アンケートと行動テストのサンプルが数多く集まれば集まるほど、はっきりとした傾向が見えてきて、やがては科学的評価が可能になるのです。

アンケート・ゲノムサンプルご協力の手順

① 下のQRコード（あるいはURL）にアクセスして、住所やお名前などの必要事項を応募フォームに記入してください。

② 採取キットと、アンケート回答ページに移動できるQRコードが郵送で届けられます。

③ QRコードからサイトにアクセスし、アンケートに回答して送信してください。

④ 猫の頬の内側を綿棒でこすり、唾液を採取して、所定のケースに入れて返送してください。送料などはかかりません。

※お口に触れられることが嫌いな猫も多いです。猫が抵抗したら無理をしないでください。
※ CAMP-NYAN のアンケートは常時募集しています。応募が集中するとキットの発送に数か月以上かかることもあります。

https://sites.google.com/view/minoriarahori/

猫たちの未来のため研究にご協力ください！

正しい研究結果により近づけるために、**CAMP-NYANでは多くの行動アンケートと遺伝子サンプルを必要としています。**

遺伝子サンプルは猫の口の中をこすって採ります。やり方は所定の採取キット（綿棒）で頬の内側をこするだけ。これで細胞の中の「ゲノム」を調べるのですが、猫の性格に関する研究では、ある市販キットを使うと調べられるゲノムが6万か所もあります。途方もない数字ですが、犬の場合はすでに20万か所を調べられるのだとか。

研究の発展のために遺伝子サンプルをより多く集めることが必要不可欠なのです。

遺伝子と性格の関係

まず「性格」とは何でしょう。

その個体特有の性質や行動、そのパターンといったところでしょうか。**生き物の性格は、遺伝的要因と環境的要因によってつくられている**といわれています。育つ環境が違えば、同じ猫でもまったく違う性格になる可能性は否定できません。

人でも猫でも、**成長の過程で外の世界とのかかわり方や対応を学習する時期を「社会化期」といい、この期間の環境が性格形成に大きく影響します。**猫の社会化期は生後3〜7週といわれ、この時期に母猫がそばにいたかどうか、人間の飼育方法はどうだったかなどが、その後の生活環境よりも影響が大きいのです。

次に遺伝的要因について考えてみます。

性格形成には、オキシトシン、ドーパミンといった神経伝達物質が関係しているとされます。それらを放出したり受容したりする器官が脳にはありますが、遺伝子によってその受容体のつくりが変わったり、放出量が増減したりします。つまり遺伝子が神経伝達物質の働きに影響を及ぼし、それによって性格が左右されると考えられるのです。

CAMP-NYANの行動テストでも、猫の行動が二極化する傾向にあり［※］、「これだけはっきりと分かれるには遺伝子が関係しているのではないか」という問いから研究

※行動テストを行うと頭をスリスリとこすりつけてくる猫と、そうではない猫で数が大きく二分されるなどの結果が出る。

が始まったそうです。

　また、毛色を左右するメラニンはドーパミンに関係する色素であることから、性格形成には毛色による影響も多少はあるのではないかと考えられています。

　とはいえ現状は予備調査の段階で、明確な科学調査は行われていません。「茶トラは甘えっ子」「黒猫は賢い」などは、ある種の刷り込みによって猫の毛色と性格を関連づけてしまっているところが多いのも事実でしょう。

　なにしろ猫の遺伝子研究はまだ道半ばです。進めていくうちに毛色と性格の傾向がはっきりしてくるかもしれません。

　今後、どんどん解明されていくだろう猫の不思議を、楽しみに待ちたいですね。

遺伝的要因

環境的要因

遺伝子研究が進んだ未来予想

人間の世界には今、「オーダーメイド医療」というものが存在します。読んで字のごとく、患者さん個々に合わせた医療を提供するというものです。近年、遺伝子を調べることでかかりやすい病気や、合う薬などがわかってきているため、最良の治療を行うことが可能なのです。

猫もまた、事前に遺伝子疾患の傾向がわかれば、それに合わせて治療ができます。研究は進んでおり、将来は遺伝子に合わせた医療が可能になるかもしれません。

猫は本来、単独行動をする生き物です。そのため、痛みに強いのです。自然の中では弱っているところを捕食者に見られれば一巻の終わりですから、痛みや苦しみを表面化させないよう進化してきました。そのため、多くの病気は症状が表面化したときにはすでに進行しているというのが、現在の猫の医療現場では常識となっています。**遺伝子研究が進み、健康リスクがわかるようになれば、病気の予防などの対策をとることができます。**そうなれば猫たちが痛みに苦しむことなく、その生涯を全うできるはずです。

つまり遺伝子研究は、猫のＱＯＬ（クオリティ・オブ・ライフ）を向上させる使命も負っているのです。猫のＱＯＬはそのまま飼い主さんのＱＯＬにも直結しますから、研究の進展に期待したいところです。

遺伝子で相性はわかる？

さて、最後に気になることを一つ。

遺伝子で猫と猫、あるいは猫と人間との相性を確認することは可能なのでしょうか。

CAMP-NYANによれば、**現状では人間同士の相性も遺伝子で確かめることはかなわないので、おそらく無理**だろうとのことです。

ただ、その研究は少ないながらも行われているそうです。いつか遺伝子レベルで、猫とつながることのできる未来がやってくるのかもしれません。

猫は毛色と模様で性格がわかる？

2023年2月2日　初版第1刷発行

監　修　荒堀みのり（京都大学CAMP-NYAN、京都大学野生動物研究センター 特任研究員）
村山美穂（京都大学野生動物研究センター 教授）

発行者　澤井聖一

発行所　株式会社エクスナレッジ
〒106-0032　東京都港区六本木7-2-26
https://www.xknowledge.co.jp/

問合せ先
編　集　Tel　03-3403-1381
Fax　03-3403-1345
info@xknowledge.co.jp
販　売　Tel　03-3403-1321
Fax　03-3403-1829